地质勘查工作高新技术研究

王义忠 著

北京工业大学出版社

图书在版编目（CIP）数据

地质勘查工作高新技术研究 / 王义忠著. — 北京：北京工业大学出版社，2019.10
ISBN 978-7-5639-5931-0

Ⅰ．①地… Ⅱ．①王… Ⅲ．①地质勘探－研究 Ⅳ．① P624

中国版本图书馆 CIP 数据核字（2019）第 085650 号

地质勘查工作高新技术研究

著　　者：	王义忠
责任编辑：	邓梅菡
封面设计：	点墨轩阁
出版发行：	北京工业大学出版社
	（北京市朝阳区平乐园 100 号　邮编：100124）
	010-67391722（传真）　　bgdcbs@sina.com
经销单位：	全国各地新华书店
承印单位：	定州启航印刷有限公司
开　　本：	787 毫米 ×1092 毫米　1/16
印　　张：	12.25
字　　数：	245 千字
版　　次：	2019 年 10 月第 1 版
印　　次：	2019 年 10 月第 1 次印刷
标准书号：	ISBN 978-7-5639-5931-0
定　　价：	45.00 元

版权所有　　翻印必究

（如发现印装质量问题，请寄本社发行部调换 010-67391106）

作者简介

王义忠，男，1970年8月生。研究方向：矿产勘查；籍贯：陕西城固；工作单位：中陕核工业集团二一四大队有限公司；职称：地质高级工程师。2014年荣获"中国地质学会第一届野外青年地质贡献奖——金罗盘奖"；2015年荣获国土资源部（现已根据不同职责组建成不同部门，后文同）和中国地质矿产经济学会地质勘查行业全国100名"最美地质队员"称号；2016年被中陕核工业集团评为"劳动标兵"；2017年被陕西省国土资源厅推荐为"第十五次李四光地质科学奖"候选人。

前　言

当前及今后较长时期，随着我国工业化和城镇化建设的快速发展，土地、能源、矿产等资源供需矛盾日益突出，生态环境恶化、地质灾害频发等问题进一步加重。为了保证经济社会的健康、稳定和可持续发展，对地质勘查高新技术的发展与应用提出了更高的要求。科学技术是第一生产力。近年来，我国政府从国家层面特别强调以产业需求为导向，以行业应用为重点，全面推进高新技术的发展。

全书共9章内容。第一章为绪论，主要阐述了地质勘查概述、地质勘查高新技术的发展以及地质工作的发展方向与发展历程等内容；第二章为国内外地质勘查工作分析，主要阐述了我国地质勘查工作现状与面临形势、地质调查信息化工作概况以及地质勘查工作的定位、一般规律及指导原则和不同地质工作的目标任务等内容；第三章为国内外地质勘查高新技术的发展趋势，主要阐述了遥感技术的发展、物探技术的发展以及钻探技术的发展和地质信息技术的发展等内容；第四章为地质勘查信息处理与分析技术，主要阐述了地质勘查信息集成管理、地质找矿信息处理与成果编制以及三维地质建模与可视化技术等内容；第五章为现代成矿预测，主要阐述了成矿预测概述、成矿预测的方法以及矿区局部预测等内容；第六章为遥感技术及其在地质勘查中的应用，主要阐述了遥感与遥感技术、遥感地质解译标志与地学分析方法以及高光谱遥感地质勘查技术与应用等内容；第七章为钻探技术及其在地质勘查中的应用，主要阐述了钻探技术发展概述、钻探技术体系的主要特征以及钻探技术在地质勘查中的应用等内容；第八章为物化探技术及其在地质勘查中的应用，主要阐述了金属矿勘查中常用的物化探方法、物探技术在攻深找盲中的应用以及物化探技术及其应用的基本原则与地质效果分析等内容；第九章为地质勘查高新技术的发展路径探讨，主要阐述了遥感技术的发展路径、物探技术的发展路径、化探技术的发展路径以及钻探技术的发展路径和地质信息技术的发展路径等内容。

为了确保研究内容的丰富性和多样性，在写作本书的过程中作者参考了大量理论与研究文献，在此向涉及的专家学者表示衷心的感谢。

由于作者水平有限，加之时间仓促，书中难免存在疏漏和不足之处，在此恳请广大读者批评指正！

王义忠

2019 年 3 月

目 录

第一章 绪 论 ... 1
- 第一节 地质勘查概述 ... 1
- 第二节 地质勘查高新技术的发展 ... 5
- 第三节 地质工作的发展方向与发展历程 ... 9

第二章 国内外地质勘查工作分析 ... 21
- 第一节 我国地质勘查工作现状与面临形势 ... 21
- 第二节 地质调查信息化工作概况 ... 25
- 第三节 地质勘查工作的定位、一般规律及指导原则 ... 29
- 第四节 不同地质工作的目标任务 ... 33

第三章 国内外地质勘查高新技术的发展趋势 ... 39
- 第一节 遥感技术的发展 ... 39
- 第二节 物探技术的发展 ... 41
- 第三节 钻探技术的发展 ... 46
- 第四节 地质信息技术的发展 ... 48

第四章 地质勘查信息处理与分析技术 ... 53
- 第一节 地质勘查信息集成管理 ... 53
- 第二节 地质找矿信息处理与成果编制 ... 61
- 第三节 三维地质建模与可视化技术 ... 64

第五章 现代成矿预测 ... 73
- 第一节 成矿预测概述 ... 73
- 第二节 成矿预测的方法 ... 74

第三节　矿区局部预测 ································· 83

第六章　遥感技术及其在地质勘查中的应用 ················· 91
　　第一节　遥感与遥感技术 ····························· 91
　　第二节　遥感地质解译标志与地学分析方法 ············· 95
　　第三节　高光谱遥感地质勘查技术与应用 ··············· 107

第七章　钻探技术及其在地质勘查中的应用 ················· 113
　　第一节　钻探技术发展概述 ··························· 113
　　第二节　钻探技术体系的主要特征 ····················· 118
　　第三节　钻探技术在地质勘查中的应用 ················· 120

第八章　物化探技术及其在地质勘查中的应用 ··············· 131
　　第一节　金属矿勘查中常用的物化探方法 ··············· 131
　　第二节　物探技术在攻深找盲中的应用 ················· 143
　　第三节　物化探技术及其应用的基本原则与地质效果分析 ·· 147

第九章　地质勘查高新技术的发展路径探讨 ················· 151
　　第一节　遥感技术的发展路径 ························· 151
　　第二节　物探技术的发展路径 ························· 162
　　第三节　化探技术的发展路径 ························· 170
　　第四节　钻探技术的发展路径 ························· 176
　　第五节　地质信息技术的发展路径 ····················· 180

参考文献 ·· 187

第一章 绪 论

地质勘查工作简称为地质勘查，它是艰苦危险的行业，是相对分散流动的作业。掌握地质勘查安全生产知识、提高自我防范事故伤害技能、预防来自地质工作过程中的伤害是地质勘查从业人员最基本的要求。地质勘查无论是在室内还是在野外，都存在极大的危险性。室内工作危险性主要来自电气、消防、机械伤害以及危险化学品等，野外工作危险性不仅面临来自作业工具、机器设备、人的不安全行为等的伤害，也面临着作业区域自然地理环境、天气气候和毒虫猛兽等的威胁，地质勘查的危险无时不存在着。

第一节 地质勘查概述

一、地质勘查的定义和特点

（一）定义

广义上说，地质勘查是根据经济建设、国防建设和科学技术发展的需要，对一定地区内的岩石、地层、构造、矿产、地下水、地貌等地质情况进行重点有所不同的调查研究工作。按照不同的目的，分为不同的地质勘查。例如，以寻找和评价矿产为主要目的的矿地质勘查，以寻找和开发地下水为主要目的的水文地质勘查，以查明铁路、桥梁、水库、坝址等工程区地质条件为目的的工程地质勘查等。地质勘查还包括各种比例尺的区域地质调查、海洋地质调查、地热调查与地热田勘探、地震地质调查和环境地质调查等。地质勘查必须以地质观察研究为基础，根据任务要求，本着以较短的时间和较少的工作量，获得较多、较好地质成果的原则，选用必要的技术手段或方法，如测绘、地球物理勘探、地球化学探矿、钻探、坑探、样品测试、地质遥感等进行研究。狭义上说，在我国实际地质工作中，把地质勘查划分为5个阶段，即区域地质调查、普查、详查、勘探和开发勘探。

地质勘查主要包括以下内容：地质测绘、地球物理勘探、地球化学勘探、环境地质、工程地质、海洋地质、钻探工程、坑探工程和地质实验测试等。

（二）特点

地质勘查具有基础性、先导性、探索性和综合性。地质勘查是我国社会主义经济建设、国防建设和社会发展中的一项基础性工作。凡工农业建设和持续发展中所需的矿产、能源和水资源，以及有关工程建设、地质环境监测和地质灾害预报与防治等国土开发整治方面的实际问题的解决，都离不开地质勘查，都必须在地质勘查的基础上进行。地质勘查是对地球在漫长的发展过程中，自然作用所形成的地壳表层及一定深度内的物质成分和结构进行的调查研究。通过对某一地区或地段的地质特征和条件的了解，解决矿产资源、能源、水资源的探找与勘查，工程建设的选址，经济建设的合理布局，地质灾害的防治，自然环境的保护等多方面的需求。也就是说，必须先了解地下资源的赋存状态，掌握其技术经济条件，进行合理的开发利用；了解工程建设的工程地质、环境地质条件，避免选址和设计中的失误，造成不应有的损失；了解地震、滑坡、泥石流、水土流失等的地质背景，以增进防治、监测、预报的能力，减少地质灾害造成的社会和经济损失。

地质勘查是一个综合性很强的科学技术工作。由于工业的发展，人类活动对自然界的破坏越来越严重，因而近年来国际上普遍提出了为人类自身的生存而保护自然环境和开发利用新的自然资源的要求，包括新矿物材料的发现、有用矿物的人工合成实验研究等。加上地质科学研究领域不断扩大和研究的深入，即由全球到太阳系的星体，由地壳表层到地球内部。不少地质学家感到地质科学一词已不能完全概括其全部内容，提出了地球科学的新概念，进而发展了天、地、生相互关系学，这就为地质科学和地质勘查提出了一系列的新任务。当前，国际合作开展的全球变化、岩石圈动力学和国际减灾计划，都将带动与促进其他学科的发展和提高解决实际问题的能力。

地质勘查有一定的风险性。但它又不同于社会上泛指的风险，因为通过地质勘查即使未达到预期的特定目的，但却获得了一定的地质资料。这些资料对进一步认识地质现象和部署以后的地质工作，仍具有重要的使用价值和科学意义。同时，我们还必须认识到，地质勘查从区域地质调查到矿产的开发利用的全过程来看，不仅产生了巨大的经济效益，而且社会效益提升也是十分明显的。例如，大庆油田的发现和勘探所用的经费与30年来采出的石油资源的价值相比则是微不足道的，我国许多城市都是由于发现并开发矿产资源而兴起成为煤都、钢都、石油城等，大庆（油）、渡口（铁）、金川（镍）、白银（铜）、平顶山（煤）等。如果这样全面地分析和认识，就地质勘查整体而言，其风险性只是暂时失去一隅，后来获得的却更多。当然，在地质勘查的某一特定阶段，为了达到预定目的进行某个地质勘查，项目失败的事例也是经常发生的，这恰是地质勘查的性质和现阶段的科技发展水平所决定的。随着地质科学技术、理论水平的不断提高，这种风险性将会逐步减少。因此，对地质勘查的风险性要有正确的理解和宣传，以免造成对地质勘查在经济意义方面的误解，进而造成对地质勘查支持上的不力。

二、地质勘查的改革与发展

（一）地质勘查历史的沿革进程

为保障国家建设对矿产资源的需要，1952年8月国家设立地质部，开始组建地质勘探队伍。改革开放后，为适应社会主义市场经济体制改革的需要，我国地质工作经历了20多年的逐步深化改革的过程。1998年，国务院机构改革，按照《国务院办公厅关于印发地质勘查队伍管理体制改革方案的通知》（国办发〔1999〕37号）要求，国土资源部原所属31个省（自治区、直辖市）地质勘探局和部分直属专业队伍18.5万人（在职2.5万人、离退休16.0万人），有色、冶金、煤田、核工业、化工、轻工等6个工业部门所属部分地质勘探单位25.5万人（在职13.9万人、离退休11.6万人），分别交由地方政府管理。改革后，中央有关部门管理的地质勘探队伍共约9.5万人（在职5.48万人、离退休4.02万人）。在计划经济体制下，各个地质勘探单位承担了部分社会职能，为安排就业和拓展专业服务领域提供了便利，大部分地质勘探单位同时也开办了许多企业。

中华人民共和国成立以来，我国地质勘查为经济社会发展做出了巨大贡献。随着社会进步和国民经济的发展，地质勘查队伍除了保障国民经济发展对矿产资源供给外，同时肩负着推进城乡建设、开展国土整治、防治地质灾害、改善人居环境等重任。在社会主义市场经济条件下，地质勘查按经济属性分为两大类：一类是商业性地质勘查，另一类是公益性地质勘查。商业性地质勘查以营利为目的，主要包括以获取商业利润为目的的矿产资源勘查、建设工程地质勘查和水文地质勘查等。公益性地质勘查不以营利为目的，为政府决策和经济社会发展服务。其主要包括矿产资源调查评价、区域性地质调查、地球物理与地球化学调查、水文工程环境地质调查、海洋地质调查、地质灾害调查与监测预警、遥感地质调查等，为政府和社会提供相关地质资料、信息服务。2006年1月，《国务院关于加强地质工作的决定》（国发〔2006〕4号）

明确了地质工作新体系，即建立政府与企业合理分工、相互促进，公益性地质调查与商业性地质勘查分开运行、协调发展，中央与地方政府各负其责、相互协调的新型地质工作体系。

由于历史和市场经济体制的影响，地质勘查单位除从事地质勘查作业外，还从事建设工程施工、地质灾害治理、矿山开采、旅游等产业。

（二）地质勘查资质管理体制的历史沿革

地质勘查资质管理是国土资源管理部门履行地质勘查行业管理职能的重要组成部分。对内资地质勘查资质管理经历了完全计划经济阶段、多头管理阶段和资质统一归口管理阶段；对外资地质勘查资质管理经历了外商地质勘查资质阶段、鼓励外商办理地质勘查资质阶段和外商地质勘查资质规范化管理阶段。

1. 对内资地质勘查单位资质管理历史沿革

从中华人民共和国初期到1982年期间，我国对地质勘查实行完全以行政命令和高度集权为特征的计划管理。1980年地质系统开始试点地质勘查单位企业化管理，地质勘查单位为事业单位，接受国家计划的地质勘查任务，此时，地质勘查市场没有形成，没有实行统一的市场准入管理制度，地质勘查不需要任何资质，属于完全计划经济阶段。

1982年地质部改为地质矿产部（后重组为国土资源部）后，赋予地质矿产部新的职能之一就是"对地质勘查全行业的活动进行协调"。1987年国务院发布了《矿产资源勘查登记管理暂行办法》，1988年地质矿产部"三定"方案中明确规定："地质矿产部是国务院领导下的综合管理全国地质矿产工作的政府职能部门，也是全国地质勘查工作的行业管理主管部门。"从此开启了地质勘查行业统一管理的新局面。1989年资源勘查登记管理工作步入正轨，属于多头管理阶段。而1992年至今，印发并修订了各项法规条例，属于资质统一归口管理阶段。

2. 对外资地质勘查企业资质管理历史沿革

利用外资是地质勘查的时代要求。改革开放前，地质勘查行业不允许外资进入。改革开放后，1979年《中华人民共和国中外合资经营企业法》的颁布为我国利用外资提供了法律依据，此后，外商投资企业在我国逐渐发展起来。1979—1991年属于外商地质勘查资质阶段。

为了加大地质勘查业对外的开放力度，调整外商投资地质勘查业政策。1997年，中共十五大后，我国更加注重外资利用的有效性和法制化，注重引导和加强，外商投资企业登记和资质管理得以迅速发展。2000年国土资源部颁发了《关于涉外非法人企业申请探矿权有关问题的通知》，"凡在中国工商行政管理机关正式注册，领取非法人企业营业执照的涉外合资公司、合作公司、办事机构和代表处，可以比照具有法人资格的申请人，依法申请探矿权和地质勘查单位资格，统一到国土资源部办理审批手续，纳入全国地质勘查单位资格统一管理"。这一阶段属于鼓励外商办理地质勘查资质阶段。

从2000年至今，我国修订和制定了大批外国投资法律法规，形成了比较完整的外国投资法律体系。这一阶段属于外商地质勘察资质规范化管理阶段。

（三）地质勘查资质管理的未来选择

地质勘查资质管理体制改革经过多年的酝酿和实践，已经奠定了良好的基础。但对于国家地质调查工作机构定位和队伍组建、属地化后地质勘查队伍的深化改革和商业性勘查等问题还有待解决。

而且随着"负面清单"管理思想的逐渐推进，我国地质勘查资质管理将趋于统一，未来的地质勘查资质管理只是作为进入"底线"，不再对内资和外资进行区分。同时，地质勘查资质管理必然作为简政放权的重要内容之一，过去的部分管理政策将随之调整。当前，针对地质勘查资质审批制度改革有三种意见：一是维持现状；二是下放到地方管理；三是转由行业协会管理。这里对维持现状的意见不再阐述，仅就下放到地方管理进行论证。

在下放给地方管理方面，第一种是下放到地方管理依旧为行政审批，具有行政严肃性和规范性。资质审批是进入地质勘查行业的重要关口，同样有着非常强的严肃性、规范性。第二种是下放到地方管理统一审批，这一点是较容易实现的。现行的地质勘查资质审批权，由国土资源部和省级国土资源主管部门负责，省级国土资源主管部门具有较强的专门组织和评审专家，对整个审批流程比较熟悉。第三种是下放到地方统一审批便于后续监管，地方政府凭借行政管理权，便于对地质勘查资质进行监督检查，也能够规避不良中介的影响，能够将众多问题消灭在萌芽状态。

第二节　地质勘查高新技术的发展

一、地质勘查高新技术发展形势

随着社会的发展、技术的进步，地质工作的领域不断拓宽。进入21世纪后，各国地质工作的重点从以寻找和发现矿产资源为主的矿产资源型，向兼顾资源与环境保护、减轻灾害的资源与环境并重的社会型转变。地质工作的主要任务除传统的基础地质调查和矿产资源调查评价以及信息服务外，还增加了环境地质、农业地质、城市地质、资源管理等内容。面对这些重大任务，遥感技术、钻探技术、地质信息技术及高新技术已成为现今地质勘查中不可缺少的重要组成部分，各国尤其是发达国家，都极为重视发展高新技术。

当前，部分发达国家已经制订了以技术为先导的地质领域的重大战略计划，代表了地质工作和地球科学发展的方向。我国也非常重视高新技术的发展，相继提出了"高光谱地壳"的概念，实施了"深部探测计划"，成功发射了高分一号卫星，初步建立了北斗卫星导航定位系统。同时，国务院还出台了一系列决定纲要，这些文件为地质勘查高新技术的发展指明了方向。但是，科技发展日新月异，按照科技发展规划的科学性要求，随着新技术的出现，原来制定的规划或者计划需要根据技术发展的新情况进行不断的调整，需要对技术的未来发展进行更长远的科学性前瞻，这就要求我们必须将发展战略研究常态化、长期化。

（一）国际地质勘查高新技术发展形势

随着高新技术的飞速发展，发达国家地质调查普遍采用现代探测技术、现代分析技术和信息技术等，陆续装备起各类大型观测分析仪器、航天航空器、深海探测器等先进设备，实现了卫星定位系统、地理信息系统和遥感观测的一体化，极大地促进了对地球系统科学的认识和理解，基本实现了以高新技术为支撑的地质工作现代化。

1. 遥感技术是国际竞争的一个战略制高点

遥感技术主要是通过空间卫星、临近空间飞行器、飞机和无人机以及地面平台等新技术对地球的各个圈层——大气圈、岩石圈、水圈、生物圈、冰冻圈甚至智慧圈，进行调查和监测，以便了解各圈层的状况和变化及其相互作用，特别是与人类活动有关的相互作用，以及它们将来的发展趋势，并研究对这种状态和变化进行预测、预报和预警的可能性。因此，遥感技术在国民经济建设以及国防建设等方面日益显示出独特的战略地位和意义，是国际竞争的一个战略制高点，也是许多发达国家包括一些发展中国家竞相发展的重要领域。目前，世界各国纷纷构建天地一体化的对地观测体系，同时，遥感对地观测活动的联合与协调也逐步加强。美国的地球观测系统（EOS）、地球科学事业（ESE）计划，法国的"SPOT卫星计划"的实施，使得他们成为对地观测领域的先锋。

2. 地球"深部探测计划"得到发达国家的重视

美国国家科学基金会、美国地质调查局和美国国家航空航天局联合发起的"地球探测计划",利用现代先进的观测技术、测试技术和通信技术,探索北美大陆的结构和演化,提高对地震和火山喷发的物理过程的认识,为减轻自然灾害、开发自然资源和了解地球动力学特征做出了贡献。欧洲一些国家仿效美国,先后实施了大陆地壳的深地震反射探测,法国、德国、英国、瑞士、意大利等国都制订了相应计划,长期实施。

加拿大地质调查局自1989年开始实施"勘探技术计划",旨在通过开发综合的区域和矿床尺度的地质模型及地球物理、地球化学方法和设备,来改进应用于勘探的概念和技术,从而促进矿产勘查新方法在加拿大的发展,使加拿大的地球科学研究走在世界的前列。

3. 大数据技术正在渗透至各个领域

随着人们获取地质数据手段的增加,数据的类型和数量越来越显示出多源、多类、多量、多维、多时态和多主题的特征。因此,当前人们比以往任何时候都需要与数据或信息交互,世界正进入基于大数据进行数据密集型科学研究的时代。计算机技术、数据库技术、网络技术、虚拟技术等现代化的技术深入应用到了地学众多专业领域,地学信息产品服务成为信息化时代各国为公众提供公益性服务的主流渠道,全球的地学信息科学家都在朝着这一方向努力,即基于共同的标准和协议为地球科学搭建全球数字化信息网,实现分布式、基于网络平台的、开源的、能够协调操作的数据访问和应用的共享平台,让地学知识能够快速、便捷、高效率地为变化的地球探测与研究服务。

(二)我国地质勘查高新技术发展形势

高新技术的发展和大量应用,使地质工作的调查手段、研究的深度和广度、成果的表现形式等都发生了巨大变革。除了地球化学填图工作以外,我国大多数勘查技术领域在国际上处于一般水平和落后水平,只有个别勘查技术与装备(如航空电磁法)的研发达到国际先进水平,而且我国一直没有产生在世界上被普遍接受的重要的地质理论。

我国地质科技与国际先进水平相比差距较大,主要表现在以下几个方面。①环境治理与灾害防治领域"3S"技术等高新技术含量不高;勘查技术总体落后,主流地球物理勘查技术和分析测试技术主要依靠引进,航空电磁测量、重力及梯度测量、磁力梯度及张量测量、深海钻探、深潜探测等大部分仪器的研发处于落后状态。②我国已拥有的先进技术绝大部分是引进的,且主要掌握在部分科研院所和专业院校等少数单位手中，勘查单位大多处于设备陈旧、技术落后状态。③野外生产第一线的实际工作中大多没有采用先进技术，而拥有先进设备和方法的单位大多又未承担地质大调查生产项目，而且普遍存在仪器装备先进，解释方法落后；单个技术先进，但技术集成落后等问题。并且还存在地质信息技术体系不够健全，地质信息技术的应用深度和广度不够，信息资源与技术的开发力度不足，地质信息技术有关标准和网络建设等基础性工作薄弱等问题。

因此，为了解决当前及今后我国地质工作中的实际问题，需要根据客观规律，并结合实际需求，进行总体规划和部署。所以说对地质勘查高新技术进行战略性前瞻研究非常必要。

二、地质勘查高新技术的战略思路

以矿产为例，根据我国矿产资源供需情况分析，从我国矿产资源勘查开发实际出发，围绕2020年我国全面实现小康社会的奋斗目标，发挥比较优势，利用"两种资源"，一方面尽量利用好国内资源，另一方面积极地利用国外资源，加强国内矿产资源的勘查开发，积极开展境外矿产资源的勘查开发。

（一）指导思想

围绕全面建成小康社会的奋斗目标，根据中央提出的西部大开发战略，东北地区等老工业基地振兴战略，"走出去"战略，加强战略性矿产勘查，为逐步实现我国原材料基地战略西移，以及保持和稳定我国现有矿业的产能提供矿产资源保障。

①积极参与西部大开发战略的实施，加强我国西部地区工作程度极低地区的区域矿产调查评价工作，选择成矿条件优越，找矿信息密集的地区，根据交通、能源、自然地理等条件开展矿产勘查工作，探明一批可供固体能源及原材料矿物原料基地建设的大中型矿产地，为实现我国21世纪固体能源和原材料矿物原料接替基地战略西移奠定基地。

②配合东北地区等老工业基地振兴战略，对我国濒于资源危机的大中型矿山，开展接替资源勘查，为保持和稳定我国现有矿山产能实施应急勘查计划。

③切实落实中央"走出去"战略，探索矿产勘查"走出去"战略，实施境外矿产资源战略调查，为"走出去"开发矿产资源，提供服务。

（二）战略目标

①2020年以前对我国中东部地区主要固体矿产矿山开展全面调查，通

过对200个左右国有大中型危机矿山接替资源勘查工作，发现并探明一批对我国原材料供应有重大影响的骨干矿山的后备资源，总体上力争保持和稳定我国固体能源和原材料矿物原料的现有产能。

②2020年以前，对西藏冈底斯地区、西昆仑地区、东昆仑地区、西南天山地区、阿拉善地区、阿尔泰地区、西南三江北段、大兴安岭北段等工作程度极低地区，开展矿产区域调查工作，摸清矿产资源家底，同时，力争取得找矿重大突破。在东天山、辽宁吉林东部、华北陆块北缘中段、东秦岭、南岭中段、闽中粤东、川滇黔、三江南段、北祁连、西秦岭等地区开展重点地区的普查工作。于2020年提交一大批可供开发的大中型矿产地，形成一批大中型固体能源、原材料矿物原料新的接替基地，使我国矿物原料产能有较大幅度的增长。矿种包括铜、铅、锌、银、金、钴、镍、铂、钨、锡、锑、钼、铁、锰、铬、铝、钛、稀土、钾、磷、硫、硼、萤石、水泥用灰岩、菱镁矿、石墨、石膏、高岭土、硅藻土、膨润土、煤、铀等。

③通过对境外矿产资源战略调查，全面收集全球矿产资源勘查开发的有关资料，建立数据库，应用高新技术开展境外某些地区矿产资源战略调查，为国内企业"走出去"勘查开发资源提供一批远景区。

④配合战略性矿产资源勘查完成新一轮未查明矿产资源潜力评价，开展铜、铅、锌、银、金、钴、镍、铂、钨、锡、锑、钼、铁、锰、铬、铝、钛、稀土、钾、磷、硫、硼、煤、铀、萤石、水泥用灰岩、菱镁矿、石墨、石膏、高岭土、硅藻土、膨润土等矿种的未查明矿产资源潜力评价。对我国未查明矿产资源潜力在数量和产出地区提出评估意见，以指导我国固体矿产勘查工作科学部署。

⑤建立国家地质调查基础数据采集和更新机制，一方面完成并填补我国区域地球物理、区域地球化学、区域遥感地质、区域水文地质、环境地质等基础地质数据的空白。另一方面对认识陈旧、精度较差的数据及时更新，以服务于国民经济的方方面面。

第三节 地质工作的发展方向与发展历程

一、我国地质工作发展的方向

根据我国基本国情，我国地质工作体制仍处于从计划经济向社会主义市场经济的转换时期。地质工作改革的理论与实践存在较大的差距。美国、加拿大、澳大利亚等矿业大国目前实行的地质工作体制，具有通用性、跨国性和成熟性，是当前我国地质工作改革的方向，但实现这个目标需要一个过程。从我国当前的实际情况来看，这个过程不可能很短，但也不允许太长。太短的后果是欲速则不达，太长将会严重制约我国的矿业发展，甚至会影响到我国社会主义经济建设的整体步伐。

经济全球化、世界范围内经济结构的调整和高新技术的飞速发展，使21世纪成为一个充满机遇和挑战的世纪。按照我国经济社会发展的总体部署，从21世纪开始，到2020年，要全面建成小康社会，基本实现工业化，综合国力和国际竞争力明显增强；到21世纪中叶，人均国民生产总值要达到中等发达国家水平，基本实现现代化。这一目标必须在实施可持续发展的总体要求下实现。面对新的形势，地质工作者承担着十分繁重的历史使命。如何做好新世纪地质工作，使地质工作既能满足国民经济建设和发展的需要，又能实现自身的健康发展，这是一个必须解决好的重要问题。

（一）建立安全体系和社会可持续发展服务

20世纪我国矿产勘查取得了巨大成就，发现矿产地20多万处，经不同程度勘查工作证实有一定价值的矿产地2万余处，探明储量的矿产潜在价值居世界第3位。390座矿业城市（镇）的兴起，有力地加速了我国城市化和工业化的进程，对于区域经济的协调发展，对于大批劳动力就业和人民生活水平的提高以及社会的稳定都起到了积极的促进作用。

但进入20世纪90年代以来，我国矿产资源供给形势严峻：国内生产的矿产品不能满足经济社会发展的需要，石油、铁矿、铜矿、钾盐等大宗矿产的进口量在迅速增加；一批矿山因资源枯竭已经闭坑；在390座矿业城镇中，有47座面临"矿竭城衰"的威胁；到2020年，在我国工业发展所依赖的45种主要矿产中，能满足发展需要的只有6种。而由于资源问题所引发的一系列经济社会问题更加不容忽视，它不仅影响到我国矿业和矿业城市的可持续发展，而且影响到三四百万矿工和上千万矿工家属的工作与生活问题，还可能影响到社会的稳定和国家经济的安全。

建立国家资源安全体系，为我国经济社会可持续发展提供基本的矿产资源保障，是地质工作的一项首要任务和中心任务。在保证这个中心的基础上，努力拓展地质工作多目标社会服务功能。

加强地质勘查工作，使矿产资源供给适应我国经济和社会可持续发展的需要，首先要通过深化改革，实现投资主体多元化，大幅度增加地质工作投入。其次国家要加大对公益性基础性地质调查和战略性矿产勘查投入。要从解放思想、转变观念、完善法规、高效服务等方面做出努力，进一步吸引外资来我国投资勘查开发矿产资源。建议设立全国性的"地质勘查基金",对矿产普查进行补贴,通过它的杠杆作用,调动受补主体更多的社会资金投入矿产普查。要充分发挥矿产资源补偿费在加强地质勘查中的作用。

要稳定地质队伍,防止人才大量流失,加强地质人才的培养。队伍不稳,人才流失,后续人才跟不上,对于地矿事业的发展已经造成严重的影响。目前,新的地质技术人才断层已经形成,青黄不接的现象已经出现。这些年,原有的一些地质院校纷纷改名,所培养的地质专业学生大幅度减少,很多省局已经多年招不到地质专业的毕业生。地质人才的培养需要5年乃至更长的时间,所以这个问题必须引起高度重视,并应尽快着手解决。

坚持科教兴地的方针,实现地质科学技术的创新和进步,推动地质工作实现持续、快速、健康发展。近年来,为实现可持续发展战略,很多国家开始了地质工作发展战略的转变,各国都十分重视把高新技术引入地质工作,十分重视推进地质科学理论创新和技术进步。为了适应世界地质工作的发展趋势,为满足21世纪国民经济建设和社会发展对地质工作的需求,我国地质工作必须实施跨越式的发展,实现地质基础理论的创新和加快勘查技术方法的进步。

(二)占领"两个市场",利用"两种资源"

实行面向全球的利用国内国外"两种资源"、占领"两个市场"的全球矿产资源战略,是许多发达国家奉行的一种资源战略。我国人均矿产资源量不到世界平均水平的一半,大宗矿产多贫矿,多中小矿,生产成本高,到国外进行矿产资源勘查与开发,是解决我国资源短缺,确保矿产资源稳定供应的重要渠道。

实施全球化矿产资源战略,企业是主体,政府要发挥主导作用。我国现在的矿业公司,无论是资本、资产、技术、管理、国际经验等方面均与国外大的矿业公司有较大差距。如果不加快推进我国矿业企业实现集团化、市场化、国际化,是很难参与国际竞争的。在目前情况下,要通过政府引导和支持,加快和深化我国矿业体制改革,建立矿业生产要素市场,按现代企业制度组建若干个强大的矿业集团,使我国矿业企业尽快实现集团化、市场化、现代化、国际化,参与国际竞争。

国家要加快制定和完善鼓励我国企业到海外经营矿产资源勘查开发活动的投资政策、产品政策、税收政策、技术政策等。从地质工作本身来说,我们对国外地质矿产情况了解很少,这是我国企业到海外勘查、开发矿产资源的一个重要制约因素。海外矿产资源勘查有巨大的资源风险,必须有一定数量和水平的、熟悉当地地质情况的地质人员，而这些地质人员只有通过实地的地质工作才能培养出来。

实施全球矿产资源战略还要重视资源战略储备体系的建立。资源战略储备应采取实物储备与产地储备相结合的方式进行。实物储备就是将已开采的矿产资源储备一定的量以应对突发事件。产地储备就是将资源勘查清楚之后不开采，储备起来以备不时之需。

（三）发展愿景与八方面工作

展望未来，地质工作将以新时代中国特色社会主义思想为指导，坚持以人民为中心，坚持五大发展理念，以需求和问题为导向，以科技创新和信息化建设为动力，树立地球系统科学观，推动地质工作不断满足经济社会高质量发展和生态文明建设的重大需求，解决经济社会发展面临的重大资源环境问题，提升支撑服务自然资源管理的能力，推动地质工作服务方向从以支撑矿产资源管理为主向支撑资源在内的自然资源管理转变，指导理论从传统地质科学向地球系统科学转变，发展动力从主要依靠承担项目向主要依靠科技创新和信息化建设转变。

新时代地质事业改革发展，要重点抓好以下八方面工作。

一是要为实现"两个一百年"目标提供稳定、可靠的能源、矿产、水和其他战略资源安全保障。要加大低碳清洁能源矿产（油气、天然气水合物、地热、铀矿等）的开发力度，提高国内资源保障能力。

二是要为实施国家重大战略，推动经济高质量发展，建设美丽乡村，提供更加精准、有效的支撑服务。着力推进海洋地质、生态地质、农业地质等工作，拓展地质工作领域，延伸地质工作链条。

三是要为生态文明建设和自然资源管理提供有效的技术支撑和高质量的解决方案。加强自然资源数量、质量、生态"三位一体"调查评价，开展资源环境承载能力评价、国土空间开发适宜性评价、生态系统修复和治理等工作。

四是要为重大工程、基础设施建设和新型城镇化发展提供基础性、先行性支撑服务。着力加强地质、工程地质、城市地质等工作，为重大工程实施和新型城镇化建设提供地质方案。

五是要为地质灾害防治提供及时、有效的调查评价和监测预警信息服务。加强各类地质灾害成灾机理、监测预警预报和风险评价基础理论研究，构建群测群防与专业调查预警相协调的监测预警体系，最大程度减少人员伤亡和对经济社会发展的影响。

六是要加强科技创新和人才培养。肩负起"向地球深部进军"的历史使命，着力推进深地探测、深海探测和深空对地观测等重大工程的实施，加强新方法、新技术、新装备的研发和创新型、高层次人才团队的培养。

七是要扩大对外开放。加大与"一带一路"沿线国家在地质矿产领域的合作力度，全面参与全球矿业治理，打造更为科学、有序的境外地质工作体系，促进全球矿业和地球科学发展。

八是要深化地质工作改革。坚持市场化、国际化和法制化的改革方向，促进市场体系建设，培育商业性地质勘查主体，推进矿业及其他相关产业发展。

可以预计，到 21 世纪中叶，一个以地球系统科学为统领、以保障能源和其他战略资源安全、服务生态文明建设为核心的现代地质工作体系将全面形成；公益性与商业性地质工作协同发展、互相促进，中央与地方地质工作有机联动、相互融合，境内与境外地质工作统筹推进、互为补充，各类市场主体职责法定，竞争有序的地质工作体制将全面建成；地质工作者富裕体面、精神高尚，地质工作基础性、先行性作用得到充分显现的地质工作现代格局，将在支撑服务国家现代化建设和中华民族伟大复兴的进程中同步推进，同期实现。

（四）积极推进地质勘查队伍主辅分离的改革

我国地质勘查队伍号称百万大军，但目前我国真正从事固体矿产勘查的地质技术人员却在逐渐减少，而且还有继续减少的趋势。由此可见，我国地质勘查队伍的结构是很不合理的。

地质勘查队伍的结构调整从全国来讲，是建立以中国地质调查局为龙头和核心的"野战军队伍"，从这一层面看，已经有了基本框架，并正在逐步完善。从各省所属的地质勘查队伍来说，要保留一支人员精干、装备精良、技术水平较高的地质勘查队伍，在有的省份，还要继续把这支队伍做大、做强。

与此同时，地质勘查单位的经营性资产和非经营性资产要分离，主业和辅业要分离，在分离过程中，对人员进行分流。剥离后的经营性资产和主业，逐步转为企业；剥离后的非经营性资产和辅业，留给地质勘查单位，是事业性质。

在产业结构调整中，对西部省份和一些资源比较丰富的中、东部省份，应以地质矿产勘查开发业为主导产业，包括公益性地质大调查的技术劳务、商业性地质勘查、矿产资源开发。根据当地实际情况，拓宽地质勘查部门的服务领域，培育相应的支柱产业。同时要围绕主导产业和支柱产业进行资产重组和内部机构调整。

地质工作应该与时俱进，按照建设资源节约型社会的要求，深化改革，实现战略性转变，从计划经济体制下的地质工作转向社会主义市场经济体制下的地质工作，从传统地质工作转向现代地质工作，从资源保障为主的地质工作转向资源、环境并重的地质工作，从主要依靠国内"一种资源、一个市场"转向利用"两种资源、两个市场"，逐步建立与社会主义市场经济体制相适应的地质勘查工作体制，更加紧密地与经济社会发展相结合，更加主动地为经济社会发展服务。

新时期我国地质工作要坚持以上几个转向，需进一步满足以下几点需求。

①基本满足工业化对地质工作的需求。当前，我国正处于重化工业发展时期，资源、环境成为经济发展的瓶颈问题。按照走新型工业化道路和建设资源节约型社会的要求，地质工作要加大科技含量，地质勘查单位要加快改革，以满足重化工业发展对地质工作的需求。

②基本满足城镇化建设对地质工作的需求。城市地质工作要在城市地质基础理论、城市地质综合调查评价、城市环境地质评价、城市地质灾害防治等方面，为城市建设提供地质保障，满足城市的可持续发展。

③基本满足生态建设及恢复对地质工作的需求。在过去的几十年里，我国地质工作的建设和快速发展是以生态环境的恶化为代价的。在强调树立科学发展的今天，保护生态环境成为可持续发展的重要内容。新时期地质工作要从生态环境的建设和恢复出发，实现经济增长与环境保护"双赢"。

④基本满足防灾减灾对地质工作的需求。地质灾害具有频发性和突发性强的特点，对人民的生命、财产安全构成严重威胁。对重大地质灾害进行监测、预警预报、综合防治、减灾救灾等成为地质工作重要的内容之一。

二、地质工作的发展历程

（一）地质工作的历史回顾

中华人民共和国成立 70 年来地质工作取得了举世瞩目的成绩，为经济社会发展做出了巨大贡献。矿勘查中相继发现的大批能源和重要非能源金属、非金属矿床，实现了以大庆为代表的东部几大油田的突破，为建立我国独立的能源、原材料供应体系奠定了基础，为实现国民经济翻两番提供了基本资源保障。陆域不同比例尺和各种手段的区域地质调查不断取得新进展，我国基础地质工作程度不断提高；开展了大量的水文地质、工程地质、环境地质工作，围绕农业、城乡建设、旅游业等方面服务的地质工作广泛展开，地质工作为国家重大工程建设提供了可靠的地质依据，地质科技、地质教育取得显著成绩。

我国地质工作管理体制改革经过长期探索和实践，取得重要进展。我国地质工作管理体制的建立与演变随着国家经济体制的转变而变动。以往的地质工作管理体制是在计划经济的历史时期内逐渐形成的。几十年来，传统地质工作管理体制在一定时期发挥了重要作用，为我国经济社会发展提供了矿产资源和地质基础保障。为了适应形势的变化，地质工作管理体制不断进行改革与调整。改革开放以来，为了适应市场经济体制的要求，我国地质工作管理体制改革不断进一步深化，按照公益性地质工作与商业性地质工作分开的原则，组建了中国地质调查局，初步建立了中央和省两级公益性地质调查队伍；多数地质勘查单位实现了属地化管理，地质勘查队伍正逐步推进企业化经营；商业性地质工作投资主体开始出现多元化的格局。

在改革开放的40年来，地质工作坚决落实党中央、国务院战略决策部署，积极服务国家重大需求，不断深化改革，扩大开放，拓展工作领域，构建了公益性与商业性地质工作分体运行、中央与地方分工合作的地质工作体系，形成了以保障能源资源安全为核心、陆域与海洋统筹、境内与境外并举服务各行各业的地质工作新格局，科技创新能力和国际影响力得到大幅提升，在经济社会发展、生态文明建设中的基础性、先行性作用不断增强。特别是党的十八大以来，在以习近平同志为核心的党中央领导下，地质工作更是取得了南海天然气水合物成功试采、长江经济带页岩气勘探开发重大突破等一批重要成果，为党和国家事业发展取得历史性成就，实现历史性变革做出了重要贡献。我国的地质工作发生了系统性、历史性的变化，体制机制日趋完善，市场体系逐步健全，勘查主体日益多元，服务领域不断拓展，创新能力显著增强，国际化水平大幅提升。

纵观我国地质工作改革和发展的历程，可归纳为两大阶段："传统地质工作管理体制的建立与地质工作的大发展"和"探索、发展与改革开放"。

1. 传统地质工作管理体制的建立与地质工作的大发展阶段

我国成立之初，为了迅速满足大规模经济建设的需要，建立我国独立的工业体系，迫切需要集中国力保证和加强地质勘查工作。1952年，我国政府成立了地质部，依据当时工作背景，并借鉴苏联模式建立了高度集中的地质工作管理体制。其主要特征为：①地质工作作为一个独立的行业与矿业和整个工业分离，并实行了一整套事业性质的管理体制；②国家对地质工作管理实行高度集中的统一领导、统一计划；③地质找矿成果全部上交国家，由国家无偿提供给其他行业使用，地质勘查行业内部自成体系，形成高度"小而全"的小社会；④国家对地质工作的管理手段主要依靠单一的行政手段，地质勘查单位基本有自主权；⑤全国的工业经济都实行计划体制，而地质勘查业是整个工业计划体制中的一个重要的基础环节。

上述传统的地质工作管理体制的建立在当时历史条件下为中国社会主义建设做出了不可磨灭的贡献。在这一时期，我国地质工作组建立了地质专业队伍；发现并探明了白云鄂博、德兴、金川、大冶、锡铁山等一大批金属、非金属矿床和以大庆为代表的东部地区的几大油田；开展了大量的基础地质、水文地质、工程地质和环境地质工作，满足了国民经济建设对能源、非能源矿产资源和地质资料的需要。这一时期在找矿实践取得突破的同时，以地质力学、陆相生油为代表的地学理论研究水平也处于国际领先地位。

2. 探索、发展与改革开放阶段

党的十一届三中全会做出了"党的工作重点转移到经济建设上来"的重大战略决策，确立了改革、开放的总方针。多年来，我国地质工作体制改革遵循这一方针，结合地质工作实际开始了艰苦而努力的改革调整探索。同时，地质工作也取得了突出成绩。其中第二轮油气普查和新一轮固体矿产普查，实现了我国西部和海域油气田勘查的新突破，发现了紫金山、厂坝、等一批新的固体矿床。这一时期主要经历了四个阶段。

（1）改革调整的起步阶段（1979—1984年）

该阶段主要进行了如下改革：①按专业化改组的原则，除保留了部分综合队外，将多数大而全、小而全的综合队通过调整、整顿，按成矿远景区或成矿带改组改为专业地质队和探矿施工队；②进行了领导体制改革，推行职工代表大会领导下的队（厂）长负责制试点；③围绕扩大基层自主权，调动地质勘查单位和职工的积极性，以建立健全经济责任制为中心，着力于管理制度、管理方法的改革；④探索了"广开生产门路、增加对外收入"的新路；⑤相应改革计划、财务、分配等管理体制。

（2）改革调整的深化阶段（1985—1995年）

1985年以来，地质勘查行业根据国家改革形势和中央精神，进入统一部署、配套设计的改革阶段：①在预算内地质工作中引入市场机制，实行地质项目管理；②以开拓地质市场为改革突破口，打破单一完成国家指令性计划的封闭体制，地质勘查单位开始进入社会市场，部分地质勘查劳务活动和地质勘查成果开始实现有偿服务和有偿转让；③提出了"一业为主、多种经营"的方针，有力地促进了多种经营的发展；④围绕"增强地质勘查单位活力"

这个中心环节,着力进行经营体制改革;⑤不断完善计划、财务、劳资、干部人事制度和技术管理等方面的配套改革。

(3)改革调整的全面推进阶段(1996—1998年)

随着社会主义市场经济体制的逐步建立,地质勘查业从整体出发,对整个队伍进行了战略性结构调整:①探索事企分开、精干、高效的原则组建地质调查机构和地质调查机构业务中心;②加快商业性地质勘查工作机制转变,培育地质勘查业市场主体,建立竞争式开放型的投资体系;③重点抓好部属公司的改组、改造和各省地质勘查机构充分利用资源、技术、地缘优势组建公司或企业集团;④加快地质勘查单位向企业转变,放开搞活小企业。

(4)新型管理体制确立阶段(1999年至今)

1999年4月,为建立适应社会主义市场经济体制要求的地质勘查队伍管理新体制,按照《国务院办公厅关于印发地质勘查队伍管理体制改革方案的通知》(国办发〔1999〕37号)要求,明确将原地矿部所属的地质勘查单位统一划归到各省、自治区、直辖市,即按公益性地质工作和商业性地质工作分开运行、分别管理的原则,除保留一部分精干地质勘查队伍外,其余地质勘查队伍全部实行属地化管理,并逐步实现企业化经营。到2001年底,各省国土资源管理机构基本建立,地方级政企分开格局初步形成,企业化经营步伐也开始进入起步阶段。

2006年1月,国务院进一步明确中国地质调查局统一部署、组织实施中央政府负责的基础性、公益性地质调查和战略性矿产勘查工作,强化相关技术、质量、成果管理和社会化服务。要求以中国地质调查局直属单位为基础,按照人员精干、结构合理、装备精良、能承担重大任务的要求,抓紧建精建强中央公益性地质调查队伍。面向社会招聘专业技术骨干,充实野外地质调查技术力量,增强野外调查和科研能力。省级政府也要尽快建实建强地方公益性地质调查队伍,中国地质调查局应通过项目联系对其进行业务指导。《国务院关于加强地质工作的决定》的出台,标志着我国公益性地质工作步入新的历史时期。

(二)地质工作的历史性变化及贡献

1. 历史性变化

在改革开放40年后,我国地质工作发生了系统性、历史性的变化,体制机制日趋完善,市场体系逐步健全,勘查主体日益多元,创新能力显著增强,国际化水平大幅提升。

管理体制实现重大变革。地质工作按照党中央、国务院的总体部署，沿着政企（事）分开、中央与地方合理划分事权的地质工作市场化改革路径，进行了改革探索。在油气领域，政企分开先行一步，组建中石油、中石化、中海油"三大"国有企业，逐步实现了探采一体化。在非油气领域，1999年推进了政企（事）分开改革，中央和省级保留了一部分承担基础性、公益性、战略性地质勘查任务的骨干（原地矿部和工业部）所属的地质勘查单位实行属地化管理、企业化改革。2006年《国务院关于加强地质工作的决定》中，对公益性地质工作、中央与地方地质工作关系等内容进行了进一步明确。目前，我国已初步建立公益性地质调查和商业性地质勘查分体运行，中央与地方地质调查合理分工的地质勘查体制，基本确立了企业在商业性地质勘查中的主体地位。

市场主体日益多元化。随着地质工作市场化改革的深入推进，地质工作的投资主体日益多元。改革开放40年来，地质勘查投入大幅提升，进入21世纪以来，油气地质勘查投入占地质勘查总投入的70%，其中九成左右来自石油公司。非油气地质勘查投入总体占比30%，其中六成左右来自各类企业或公司。勘查主体实现多元化，上游地质勘查企业实现了向资源开发延伸，下游矿山企业通过纵向延伸、横向拓展成为集探采选冶为一体的矿业公司。以五矿为代表的矿产品贸易型公司通过多元化战略实现了向资源勘查开发的延伸，以紫金矿业为代表的一大批混合所有制公司和以东方地球物理公司为代表的技术服务及中介机构等应运而生。

服务领域不断拓展。40年来，地质工作服务领域实现了从以服务矿业为主，向支撑服务矿业、民生改善、城市规划、生态文明建设、防灾减灾、农业农村发展及国防建设等方面不断拓展，推动地质工作对象、工作范围、工作内容、成果表达等发生深刻变化。工作对象上，实现了由单一型调查向综合型调查的拓展，向矿、地、海、水、林、草等多门类自然资源和向资源、环境、空间多要素调查的延伸。工作范围上，实现了有浅部向深部、由陆地向海洋、由境内向境外的拓展。工作内容上，实现了由只注重数量向数量、质量和生态综合评价的拓展，由传统矿产向非常规矿产、战略性新兴矿产的拓展，由环境地质、灾害地质向生态地质、城市地质、农业地质、旅游地质等的延伸。成果表达上，实现了由提供专业的地质图件和报告向提供地质知识与地质解决方案等延伸。

地质科技创新能力显著增强。改革开放40年来，地质科技实现了理论、技术、工程、装备的重大创新，形成了较为完整的学科体系和技术装备体系，引领我国从地质大国向地质强国迈进。创建了天然气水合物成藏系统理论、复式油气聚集带理论、前陆冲断带成藏理论、成矿系列（系统）等成矿成藏理论，指导我国地质找矿不断取得新突破。在地层、地球生命与环境协同演变、黄土地质、岩溶地质、华北克拉通破坏等研究方面，取得一批原创性成果，在国际上占有重要位置。复杂地表地震勘查技术、大型压裂技术、天然气水合物勘查开发技术、勘查地球化学技术等进入世界领先行列。航空重力和航空电磁探测技术、地质岩心钻探技术、定向钻探技术、数字地质填图技术等达到国际先进水平。万米科学钻机、海洋石油981深水半潜式钻井平台、4500 m级深海遥控无人潜水器"海马号"研发成功和对地观测卫星陆续发射并投入使用等，标志着我国地质勘查技术装备研发能力迈入国际先进行列。

国际水平大幅提升。我国地质工作者已在全球70多个国家和地区开展了地质勘查工作。中石油、中石化、中海油已成为全球巨型跨国公司，在国际油气勘探开发领域竞争优势日趋增强。中石油、中石化、振华石油等34家能源企业参与境外210个油气项目投资，境外石油权益产量保持快速增长。数百家企业在境外开展地质矿产勘查开发，获得大量权益资源，其中境外权益铜矿资源量与国内查明资源量相当。我国地质科技对外合作与交流全面展开，影响力大幅提升。国际地质科学联合会秘书处2012年迁址中国，2个联合国教科文组织国研究中心落户中国。

地质工作程度和认知水平显著提高。40年来，我国系统地开展了地质、地球物理、地球化学、遥感等专业类型的区域地质调查，完成了两代全国区域地质志的编制和两轮全国地下水资源评价。实施了地球深部探测先导专项。开展了国际海底区域矿产资源勘查和极地科学考察，编制了国内首幅月球地质图，提升了人类对海、深空及两极的认知水平。地质资料社会化服务水平不断提升，年均服务量近百余万份，打造了一批高质量的科普基地和科普产品，提升了全民地球科学素养。

2. 贡献

改革开放40年来，地质工作实现了跨越式发展、创造了辉煌成就、做出了伟大贡献，也有力保障了国家发展对矿产能源的巨大需求。能源矿产是国家资源安全和经济发展的命脉，我国经济奇迹的创造离不开能源矿产的强有力支撑和保障。广大地质工作者继承了优良传统，付出巨大努力，保障了国家的能源安全。在煤炭地质方面满足了经济社会发展需求；也在油气地质方面，再造了"三个大庆"，形成了东西并重、海陆并举、天然气和页岩气快速发展的勘查开发新格局。

有效满足了经济社会发展对非能源矿产的巨大需求。改革开放后，尤其是 21 世纪以来，随着工业化进程的加速，我国非能源矿产消费全面高速增长。地质工作不但为我国规模庞大、种类齐全的黑色金属、有色金属、化工和非金属等行业发展提供了丰富的"工业粮食"，而且为我国现代化产业体系建设，以及 300 多个矿业城市的可持续发展提供了资源支撑。

有力支撑了国家重大工程和基础设施规划建设。改革开放以来，我国在交通、能源、水利、海洋等领域的重大工程与基础设施建设力度不断加大，屡创奇迹。地质工作不仅争当规划建设的开路先锋，还为安全运营保驾护航，在重大工程与基础设施的规划选址选线、优化建设方案、工程勘查施工等方面，发挥了基础性、先行性支撑作用。无论是铁路、公路、隧道、输油气管线、输水管道，还是机场、港口、桥梁、核电站、水库大坝等，都有地质工作者的贡献。

还有精心服务国家重大战略和城镇化建设、多方位服务生态文明、发挥专业优势服务民生改善和努力筑牢防治地质灾害的生命防线等方面，地质建设都取得了良好积极的成效。

第二章　国内外地质勘查工作分析

地质工作是国民经济建设的先行和基础，服务于经济建设的诸多领域，贯穿于经济社会发展的全过程。随着我国经济社会的快速发展，面临的资源瓶颈约束和环境压力越来越大。现实和今后经济社会发展都将证明，地质勘查工作的地位和作用更加重要、更加突出。提高矿产资源的保障能力，必须通过加强地质工作，发挥地质队伍在地质找矿中的主力军作用，制定和完善一系列的政策措施。地质工作也是产业发展和城乡建设的重要条件，是社会发展和人们生活的基本保障，是经济和社会发展的先行性、基础性工作。

第一节　我国地质勘查工作现状与面临形势

一、我国地质勘查工作现状

2013年后，我国经济从高速增长转向中高速增长，经济结构转向创新驱动型，这对地质勘查行业造成重大影响，相关投入随之减少。与此同时，地质勘查行业历史遗留问题逐渐显现，行业未来发展面临挑战。如今随着经济建设的需要，地质勘查工作的内容已经不仅仅局限于矿产资源的探索，还包括对环境、资源等地质情况进行的调查研究。目前我国地质勘查工作现状主要有以下两点。

①国内勘查项目融资逐年减少。受矿业市场波动及事业单位分类改革的双重影响，国内地质勘查项目融资近5年在逐渐减少，自2013年的514亿元减少到2017年的320亿元左右，减少幅度达38%。而这其中，财政勘查项目保持相对稳定，5年内减少36亿元；社会勘查项目受生态环境保护、探矿权管理等政策影响较大，采矿行业的利润增长并未及时惠及上游的勘探行业，2017年社会勘查项目数量比2013年减少50%。

②国内地质勘查专利申请数量开始下降。地质勘查行业还面临市场化程度低、地方保护主义严重，出现人才断层、复合型人才缺乏，资源浪费严重、

不同部门重复投资，矿业权市场建设滞后，忽视科技创新、勘探技术与装备较为落后，可行性研究与勘查工作脱节等其他问题。例如，我国很多地质勘查单位只注重开拓社会市场，增加经济效益，人力、物力的应用都集中在具体项目实施上，真正投资在科技创新技术手段创新方面的人力、物力资本少之又少，潜心搞研究的技术人员也很少。近年来，我国地质勘探相关专利申请数量开始下降。2015年，我国地质勘探行业相关专利申请数量为110个，到2017年，地质勘探行业专利申请数量降至86个。

所以我国应建立如下地质勘查工作目标。

①地质勘查工作程度整体提升到接近目前发达国家水平。地质勘查工作在调整经济结构、促进经济发展方面发挥着重要作用。

②矿产资源调查评价工作程度整体大幅度提高。西部地区主要成矿区（带）基本达到目前东部成矿区（带）的调查评价水平，东中部深部"第二空间"矿产调查评价取得进一步突破。新发现一批能源与重要矿产远景勘查接替基地，为进一步缓解我国资源瓶颈提供基础支撑。构建的全球矿产资源信息系统对政府和企业提供良好服务，对企业"走出去"起到显著促进作用，并引导企业建立了一批稳定的境外矿产资源勘查供应基地。

③全面完成我国陆域中比例尺区域性基础地质数据采集与更新、管辖海域区域地质调查、新一轮海洋带地质调查。陆域大比例尺区域性基础地质调查完成可测面积的50%，基础地质调查、海洋地质调查的工作程度、数据精度和服务能力大幅度提高。

二、我国地质勘查工作面临形势

近几年，政府部门出台了一系列与矿产勘查开采相关的管理政策，管理政策效应或将集中显现。2017年7月国土资源部启动自然保护区矿业权清理工作。随后，各省纷纷出台文件对各类保护区矿业权进行清理和分类处置。面对政策的不断收紧和矿业权退出标准的不确定，社会资金更倾向于持币观望，减少或暂停对矿产勘查的投入；2017年出现的矿产勘查投入与矿业市场及全球矿产勘查市场趋势脱节的现象在2018年已继续。随着政策的明朗和稳定，市场对矿产勘查的决定性作用将凸显，地质勘查市场趋稳，内生动力或将增强。

在矿业经济持续低迷背景下，地质勘查工作的重任正发生转移。据调查，在未来地质勘查工作重点发展的领域的投票中，环境地质、城市地质和农业地质成为最有潜力的3个领域，在投票中占比分别达20%、16%和15%；传统的地质信息服务、矿产勘查、地质调查与理论研究等，得票数占比分别为7%、5%和4%。前瞻产业研究院认为，为贯彻落实"十九大"对地质工作提出的新要求，满足经济社会发展和生态文明建设的新需求，地质工作将发生重大转变，服务新型城镇化建设，城市地质、地热地质等将得到快速发展；服务环境污染治理，水土污染调查与治理将加大力度；服务民生与乡村振兴，农业地质、土地质量、地质灾害调查等将受到关注。

1. 体制转型、机制转换双滞后

体制转型、机制转换双滞后，带来的矛盾和问题十分突出。地质勘查工作体制改革、机制转变虽然取得了一些进展，但由于新旧体制混合运作带来以下一些问题和矛盾。

①地质工作与体制改革相适应的产业结构调整，在有了一定程度改变的同时，对地质工作体制触动并不大，基本上还是局限于"体制外"为主的调整。

②现行部门管理体制仍不适应市场经济要求，大部分管理对象仍沿袭着计划经济时期事业单位管理的格局。地质工作机构的定位（特别是省级地质专业骨干队伍的定位）不够明确。厅、局之间的关系没有理顺，在事权、待遇（单位级别、人均地质勘查费）等方面还有差别。

③地质工作微观经济组织与主管部门之间仍维系原有的行政隶属关系，以致产权关系不明晰，单位或企业的经营风险仍由国家承担。

④所有制结构和经济成分仍较单一，95%以上仍是国家所有的经济实体，与市场经济要求相差甚远。

2. 市场体系总体功能没有完全发挥

市场体系总体功能没有完全发挥，未形成统一开放的市场。市场体系有利于充分发挥市场参与者的主动性和创造性，推动市场主体合理配置和使用生产要素，提高经济效益，还能自主调节市场供给结构和需求结构。但在地质工作领域，这一功能没有得以正常发挥和实现。另外，矿产资源自然分布的不均衡性，决定了地质勘查市场的区域非均衡性。从大的区域来看，西部勘查程度较低，矿产勘查潜力巨大，而东部勘查程度相对较高，找矿难度和风险明显加大，矿种上也存在明显的区域分布差异。同时，其他相关市场如矿产品、矿权、资本、劳动力等市场也存在明显的区域差异性，而这种差异性又与地质勘查市场的差异性存在着某种程度的背离，这在客观上要求打破传统地质勘查工作区域分割的格局。目前条块、地区分割的局面仍未被完全打破，资金、劳务、技术还没有实现市场配置下的自由流动。

3. 各要素市场的完善整体上不协调

目前，地质工作各要素市场总的态势是：商品（矿权）市场已基本形成，特别是矿权流转的一级市场，发育较快；但地质勘查资本市场尚未建立，地质勘查劳务市场还比较分散，没有形成统一的市场。从商品（矿权）市场看，各要素市场需解决以下几个问题。

①矿业秩序没有根本好转，矿业权人合法权益缺乏保障。

②矿权出让流转制度不完善，弊端较多，突出表现在探矿权的招拍挂上。

③矿业权管理信息化程度不高，信息不对称，如大量相关数据还需要输入并纳入管理，省、市、县三级工作信息交换不够等。

④矿权意识淡薄，地方保护主义严重，登记难度大。

⑤矿业权评估方法还不科学，造成评估结果有差别，评估法规不健全，没有统一的评估规范和标准。

从勘查资本市场看，地质工作有效投入不足，矿产勘查融资困难。一方面是投资主体没有信心，另一方面是勘查主体缺位，致使固体矿产勘查（特别是风险勘查）资本市场尚未形成。地质勘查市场化程度仍很低，缺乏竞争力和活力；再就是勘查技术方法、手段传统落后，技术改造能力不足，地质找矿理论创新不够，严重影响当前地质勘查向深部和老矿山外围突破。从中介组织看，既有中介组织缺失和职能不到位，未能充分发挥其在地质勘查领域的中介服务功能和作用；又有中介机构人员整体素质参差不齐，缺乏理论水平和实践经验兼备的专业人才，影响了服务质量和服务水平；还有市场意识和服务意识不强，缺乏应有的自律等问题。

4. 传统管理体制限制地质勘查工作的开展

地质勘查单位沿袭的管理模式和理念已越来越难以适应市场的变化与要求，严重制约了自身经济的发展，一是自计划经济时期形成的自成一体的封闭性管理与市场经济的开放性特征相悖，难以适应外部环境的变化；二是权力集中在以主要领导者为核心的极少部分人员手中，决策体系缺乏有效的监督、反馈和制约机制，在决策方面往往缺乏科学化和民主化。进入市场经济后，由于受传统体制的束缚和政府主导的矿业权垄断配置，地质勘查单位难以成为矿业市场的主体，不能实现探矿成果的收益。加上自有资金的匮乏，既不愿意也不可能进行自有投入风险勘查。由此，大多数地质勘查单位还严重依赖政府补贴，在帮助政府实现资源垄断配置的同时，靠开展社会地质工作赚取微薄的利润，在经济上难以有大的发展。

5. 市场规则体系不完善

现阶段我国市场运行的规则是国家通过立法、执法、司法和法律监督来规范的。由于从计划经济向社会主义市场经济逐步过渡时期的种种历史和现实原因，现行法律法规与开放型矿产资源市场，特别是我国加入世界贸易组织后，市场规则体系还存在以下几点主要问题。

①地质工作中适应市场的规则体系很不完善，规范和标准不统一，特别是新旧制度并行，造成操作中随意性很大。

②现有规则的部分内容严重滞后，如对地质勘查市场主体的一些规定已不适应市场经济的要求。

③一些市场规则的内容不统一，如对探矿权、采矿权流转的规定在有关法规中相互抵触。

④一些市场规则还没有与国际接轨，如对地质勘查市场主体还实行区别对待的规定，对地质资料没有全面公开，矿业法律制度的执行不够透明。

6. 商业性地质工作缺乏双拉动

①由于商业性矿产勘查与战略性矿产勘查界线难以划分，致使这两种地质工作在管理上仍有交叉。

②对大调查经费、资源补偿费和财政补贴用于地质工作缺乏统筹管理，降低了地质工作的效果。

③与商业性地质工作结合还有不少问题。如两类地质成果特别是地质资料还没有一个适应市场经济要求并与国际惯例接轨的分析标准和相应的管理方式、使用办法、权益保障等规定和实施细则。矿产品市场拉动乏力。虽然矿业发展对矿产勘查业提出了较高的需求，但这种需求至今没有成为拉动商业性矿产勘查的直接动力，主要原因是矿业没有形成对勘查资本的积累，矿产勘查成本没有进入矿产品价格，以及没有形成良性矿产价值补偿机制。

第二节　地质调查信息化工作概况

一、国内外地质调查信息化工作现状

（一）国外地质调查信息化工作现状

需求驱动为主。20 世纪 80 年代中后期以来，发达国家根据各自的需求不断调整国土资源调查目标，各国国土资源调查工作逐渐由供给驱动型转变

为需求驱动型。以满足不同用户需求为目的，以社会经济发展和人类生活质量提出的新要求为基点，以国家需求为主导、社会需要为动力，面向经济社会发展的需要，提供全面的国土资源信息和产品。

以美国地质调查局（USGS）为代表的发达国家国土调查机构，都将建设需求驱动型作为发展目标。世界各国地质调查机构从自己能做什么就做什么的供给机制，逐渐转变为社会要求什么、用户需要什么就做什么的驱动机制，从国家安全、经济社会发展和公众兴趣等方面的需求出发，最大程度地实现和体现地质工作的价值。

（二）我国地质调查信息化工作现状

近年来，我国也更加注重国土资源调查工作的需求研究，相关学者分析了政府、企事业单位和社会公众对调查产品的基本需求，反映了我国国土资源调查工作驱动机制转变为需求驱动型的总体形势。

我国地质调查信息化程度显著提高，为经济社会管理和服务提供了重要手段。

21世纪以来，以电子化、数字化和网络化为特征的信息化在全世界迅猛发展；信息化已成为当今世界的发展趋势和潮流。一方面，信息技术创新步伐逐步加快，不断向高速、大容量、网络化、综合集成化方向发展，云计算、智慧地球、物联网等新技术、新理念不断涌现，正孕育着新的重大突破。另一方面，对地观测系统向高分辨率、智能化、网络化、综合协作方向深入发展，正朝着多层、立体、多角度、全方位和全天候对地观测新时代稳步迈进。信息技术的迅猛发展正在深刻地改变着信息化发展的技术环境和条件，并迅速渗透到经济、社会等各个领域，重塑了政治、经济、社会、文化和军事新格局。信息化水平已经成为衡量一个国家综合国力与国际竞争力的重要标志。

近年来，我国经济社会各领域信息化推进步伐明显加快，党的十七大要求"全面认识工业化、信息化、城市化、市场化、国际化深入发展的新形势、新任务"，推进工业化、信息化、城市化、市场化和国际化相互促进，把信息化放在经济社会发展全局的战略高度，作为建设创新型国家的必然选择。国家"十二五"规划纲要中把全面提高信息化水平作为重要任务，提出"加快建设宽带、融合、安全、泛在的下一代国家信息基础设施，推动信息化和工业化深度融合，推进经济社会各领域信息化"。信息化已成为我国现代化建设全局的重大战略举措，是各级政府部门加强管理、服务社会的重要手段。

科学技术的不断发展进步，为地质勘查带来了新技术、新方法、新手段、新工艺，对地观测、深部探测、矿产综合利用以及分析测试的技术手段不断发展，逐步改变着地质勘查工作的方式和思路。信息化水平的不断提高，为海量、系统、综合的国土资源信息的获取、存储、使用提供了可靠平台。信息技术正逐步融入国土资源管理、服务的各个环节，打通了机构、层级、职能的分割，覆盖全国各地、各级协调联动、高效运转的网络化国土资源管理运行体系已悄然形成，并不断完善。科技创新、信息化建设正潜移默化地改变着我国国土资源管理、服务的职能和方式，为破解当前市场经济、新技术革命、经济全球化背景下的国土资源管理难题，促进经济社会可持续发展中资源的可持续利用，进一步构建完善国土资源管理服务新机制提供了强有力的支撑和服务。

二、地质调查信息化存在的问题

（一）信息化不能满足应用需求

①信息化的首要任务是信息资源的数字化。我国近百年地质工作的历史积累了丰富的地质信息资源，尽管数据资源的积累已显著提高，但仍有相当数量宝贵的地质数据和资料没有建立数据库，需要开展抢救性工作。

随着国家及社会发展对地质数据需求的增长，跨行业的数据需求增长，原有地质数据库及数据产品还远不能满足需求。地质调查信息化需要加强基础地学数据库建设。

②原始数字化地质资料保存和管理没有纳入议事日程。对重大工程积累的大量数据的管理和利用没有引起足够的重视。

③如何统筹地质勘查工作获取的大量有价值的地质信息，已成为摆在我们面前最迫切的任务。

④信息资源的开发利用不够。对已有信息资源存在的影响应用的问题没有采取必要的措施加以解决，信息资源的更新重视不够、投入不足；对信息资源的开发利用不够，缺乏满足各种需要的集成信息产品。

⑤信息资源的管理水平需要加强。已建数据库是在不同时期根据不同的需要分别建立的。这些数据库基本上是一个数据库一个管理系统，多源异构是普遍的现象，给用户需要从多个数据库中提取所需数据造成困难。

（二）信息化尚有瓶颈需要突破

区域地质调查全过程信息化在主管部门的大力支持下，在科研人员和广大区调人员的共同努力下正在改变着传统的工作方式。但是，在人力资源配置、数据质量的控制和检查、系统的完善、技术支持和服务等方面都需要做进一步的工作。

（三）信息服务尚不能满足社会需求

在线服务的信息量有限。中国地质调查局能够提供在线服务的主要是国土资源大调查获取的数据资源目录类数据库，包括元数据、文献资料数据库、科研类和综合类以及小比例尺的地质图数据库。信息资源的拥有量和能够提供在线服务的信息量相比极不匹配。

（四）信息化网络、标准体系建设需完善

地质调查网络体系建设方面，目前，从计算机网络平台层的建设而言，地质调查网络系统建设已初具规模，但并未全部实现覆盖中国地质调查局业务数据流的网络体系；从应用层的建设而言，虽然统一的工作平台初见成效，但仅仅局限于基础网络应用平台的研究与开发上，互联网网站信息发布平台仍不完善。此外，资源层的建设尚未开展、运行维护管理体系和安全保障体系缺乏统一的综合管理与安全管理平台、标准体系尚不完善。

三、地质调查信息化存在问题的对策

借助地质资料管理的信息化建设，不断研究、创新地质资料的服务机制，改进服务方式，发展服务产品，充分开发和利用地质资料信息资源，发挥地质资料信息资源的作用。

（一）改革和创新地质科技勘查

随着我国城市化和信息化建设速度的快速提高，城市发展对资源的需求与资源环境之间的矛盾逐渐凸显，其中矿产资源的勘查工作呈现出来的状态是比较落后的，并且社会发展对重要矿产的需求也无法得到满足。因此，必须切实加强重要矿产资源勘查，为全面建成小康社会提供更加有力的资源保证和基础支撑。找矿的历史已经证明，要取得地质找矿的突破，必须依靠先进的地质理论去指导，新的找矿思路和理论的突破，往往可以找到一系列矿床，在当前找矿难度越来越大的情况下，更需要创新的地质理论和先进的勘查技术方法。

（二）重要矿产和重要成矿带具体规划

为缓解制约我国经济和社会发展的资源瓶颈，提出了要加强能源和非能源重要矿产勘查，由于非能源重要矿产有的是以找矿为主，主要是增加资源量；有的是以勘查为主，主要是提供可采储量；有的是以研究为主，主要通过研究提出找矿靶区，其目标任务不完全相同，因此建议国家对重要矿产和

重要成矿带编制具体的勘查规划，落实具体的目标任务和资金保证，以确保国家对重要矿产资源的需要。

（三）商业性地质工作范围扩大

公益性地质工作，国家主要负责全国能源和其他重要矿产资源远景调查与潜力评价，全国性跨区域、海域基础地质和环境地质的综合调查与重大地质问题专项调查，因此凡登记矿权的资源勘查，从预查到勘探项目全部都是商业性地质工作。明确中央设立地质勘查基金来加强对重要矿产资源的前期勘查，引导企业和社会资金投资商业性勘查是十分正确的。

第三节 地质勘查工作的定位、一般规律及指导原则

一、世界主要国家地质勘查工作定位

世界主要国家地质勘查工作主要由国家地质机构来承担，因此，了解世界各国地质调查机构的隶属关系、主要职能和使命以及工作任务，可以看出世界主要国家地质工作的特点、定位和规律。根据世界各国地质调查机构的隶属关系，可以将其分为以下四类。

①隶属于政府资源管理综合部门，如美国、加拿大、俄罗斯。

②隶属于矿山（矿业、矿产）能源（水资源）部，如巴西、南非、印度尼西亚及非洲一些国家。

③隶属于政府经济或工（商业）部门，如荷兰、德国、意大利、法国、韩国、老挝、越南、泰国、蒙古等。

④隶属于政府科技部门，地质调查是一项科学工作，地质调查机构被视作科学机构，如英国地质调查局隶属于自然环境研究委员会，韩国的地质调查机构隶属于科技部，日本地质调查局隶属于日本综合产业研究院。

世界各国地质调查机构的隶属关系的不同与各国自己的客观实际以及经济社会发展与地质工作的紧密关系有关。如日本、韩国等国面积不大、资源不丰，故放在科技部；而许多发展中国家更关心其矿业的发展，故放到矿业部门；有的矿业欠发达国家，地质调查机构还承担矿产勘查任务。法国可能因特殊情况，以前其殖民地有矿业开发问题，故与矿业放在一起。值得注意的是，一些国土面积较大的国家，如加拿大、俄罗斯、美国等，都把地质调查机构放入自然资源管理部门或综合性部委，这可能更有利于工作，满足于各方面的需求。

二、地质勘查工作的一般规律

（一）矿产勘查工作规律

矿产勘查虽然主要服务于矿业发展，但它是地质工作的主体内容和第一要务。因此，矿产勘查必须严格遵循地质工作规律。地质工作规律是指地质工作自身的规律。

原国家总理温家宝曾做出阐述：地质工作是实践、认识、再实践、再认识的反复深化过程。它的特点是科学与技术一体化，调查与研究一体化，野外工作与室内工作一体化，宏观思维与微观认识一体化，多学科综合，多工种集成。按照这样的内在特点开展地质工作，就要综合应用地质、地球物理、地球化学、遥感、实验测试等理论和技术，在新科技革命条件下尤其应该这样做。我们拥有开创性的勘查地球化学、勘查地球物理的精细应用以及遥感技术的多方位应用等技术优势，加上信息技术的渗入、融合，地质工作综合化的路子必将越走越宽。通过大量地质资料和相关信息的提取，地质工作者经过有选择地、有计划地、有步骤地反复进行调查研究，循序渐进地由感性认识逐步上升到理性认识，并不断深化，最后形成客观地质体的概念，深入掌握勘探矿床的地质特性。这就是对客观地质体的认识规律。

（二）矿产勘查与市场经济规律

矿产勘查虽然探索性很强，具有地质调查研究属性，但它是矿业开发的源头，是经济工作的组成部分。因此，在社会主义市场经济条件下，矿产勘查发展必须遵循市场经济规律。遵循市场经济规律是坚持资源配置市场化，提高资源配置效率的方式和方法。市场经济规律主要是价值规律、竞争规律和供求规律。核心是价值规律，表现为通过价格的变动，及时把市场供求变化信息传递给买者和卖者，使他们做出正确的决策。

（三）矿产勘查与生产力发展规律

矿产勘查生产关系一定要适应生产力发展的规律，是一切社会形态所共同具有的经济规律。社会主义市场经济条件下的矿产勘查可持续发展，必须牢牢把握矿产勘查生产关系适应矿产勘查生产力发展的规律，高度重视通过不断完善和发展矿产勘查生产关系，积极地反作用于矿产勘查生产力的发展，解放和发展矿产勘查生产力，推动矿产勘查可持续发展。社会主义市场经济条件下矿产勘查生产关系主要包括由国有地质勘查单位为主体的多种所有制地质勘查单位共同发展的矿产勘查基本经济组织形式。在矿产勘查过程中，矿产要切实遵循矿产勘查生产关系适应矿产勘查生产力的发展规律，应注重解决如下三个问题。

①充分发挥国有地质勘查单位在矿产勘查中的主力军作用，坚持深化国有地质勘查单位改革，加强地质勘查队伍建设，提高矿产勘查技术水平和竞争能力。

②在矿产勘查活动中，要健全劳动、资本、技术、管理等生产要素按贡献参与分配的制度。

③探矿权出让方式应主要采用招标方式出让探矿权，优选勘查资质等级高、勘查方案好、勘查作业能力强，并有资金保障的地质勘查队伍进行矿产勘查。

三、地质勘查工作的指导原则

地质工作是国民经济建设和社会发展的基础。当前应该把加快能源及重要矿产的调查和前期评价、提高矿产资源调查评价工作程度放在突出地位。同时，要切实加快陆域和海域的基础地质调查，加强地质灾害调查监测预警，开展地质环境和国家重大工程相关基础工程地质调查监测等，为经济社会可持续发展和构建和谐社会提供大量的新的地质资料信息成果。

1. 统筹规划、适度超前

按照以人为本、全面落实科学发展观的要求。面向经济社会发展需求，统筹地质工作部署与经济社会发展需要，统筹地质调查与商业性地质勘查，统筹矿产资源调查评价与环境地质调查，统筹国内地质事业的发展与地质工作对外开放，统筹中央与地方地质工作。充分发挥地质工作的基础性、先行性作用，提前2～3个五年规划部署和开展地质工作。

2. 立足国内、面向全球

地质无国界，科学无国界。必须加大地质勘查对外开放力度，适应经济全球化和资源全球化发展的需要，加强与国外政府和相关地质勘查机构联系，开展地质勘查领域内的广泛国际合作，加强境外能源与非能源重要矿产资源前期调查，为国内企业"走出去"提高资源国内外供给能力。

3. 突出重点、拓宽领域

立足于地质工作的资源基础、环境基础和工程基础支撑，突出能源与非能源重要矿产调查和重点成矿区（带）的矿产调查，加快海域和陆域基础调查步伐。根据经济社会发展需要，积极拓宽地质工作的服务与应用领域。

4. 创新科技、增强能力

充分发挥我国地质背景的区位优势，突出重大地质理论问题研究，大力推进成矿理论突破，强化矿产勘查关键技术的自主创新。完善地质科技创新体系，推动科研与调查的有机结合，发挥科技进步在地质勘查中的先导作用。加强地质队伍建设和人才培养，推进地质工作信息化建设，加快地质工作现代化步伐。

5. 完善体制、理顺机制

健全中央和地方政府各负其责、相互协调的地质勘查管理体制。建立健全隶属于中央和省（自治区、直辖市）政府管理的两级地质勘查队伍，充分发挥各方面的积极性，促进地质工作投入新机制的形成。加强矿产调查成果资料的及时发布，注重发挥对后续矿产勘查工作的引导和促进作用。

6. 资源环境并重

传统的国土资源调查是以地质找矿为主的资源型调查。随着人类生存环境的不断恶化，生态环境问题成为全人类关注的重大问题，国土资源调查的工作重点开始逐步转变为既满足矿产供应，又满足土地可持续利用，兼顾环境保护和灾害减轻，有利于公共卫生与安全的资源与环境并重型调查，越来越关注环境问题和社会问题。国土资源调查评价的指导思想由以资源技术评价为主，转变为环境评价、技术评价和经济评价相结合的综合评价。

美国于2007年发表的科学战略《直面明日挑战——美国地质调查局十年科学战略（2007—2017年）》将国家地质调查研究战略进行调整。将生态系统研究放在首要位置，同时关注气候环境变化，能源、矿产资源与土地管理，灾害风险，环境与野生动物对人类健康的影响，水资源与水环境等方面，无一不体现出对环境的关注。

我国过去几十年快速的经济发展带来了极为严重的环境问题，环境治理和生态保护成为社会各个阶层的共识。环境地质、灾害地质、土地整治等成为近年来国土资源领域的重点工作方向，在保障资源供给的同时，加强了环境保护与改善的力度。

第四节 不同地质工作的目标任务

一、基础地质工作

基础地质调查是一项旨在查明国家基本地质情况，获取基础地质数据，服务于国家经济建设和社会发展而开展的超前性调查、评价和研究工作。它是地质工作的基础和先行，是推动地质科学技术进步的重要途径，是体现国家地质工作现代化和地质科学水平的重要标志，是国家制定经济发展规划，进行国土资源规划管理及合理利用、环境保护和地质科学研究的重要基础。找矿工作能不能取得突破性的进展，地质环境质量与地质灾害评价、预测的精度和水平，在很大程度上取决于基础地质调查研究的工作程度与水平。

现阶段，我国基础地质调查评价工作不断拓展其工作领域，加大了地质成果服务于社会经济发展的力度。其主要工作类型包括区域地质调查、地球物理调查、地球化学调查、遥感地质调查、海洋地质调查、城市地质调查、农业地质调查7个方面。对基础地质调查评价面临的经济社会发展形势进行分析，系统研究我国经济社会发展对基础地质调查工作的需求，并提出未来基础地质调查工作的部署规划建议，这不仅能为国家基础地质工作的开展提供依据，也是地质科学服务于经济社会发展的基本要求。

综上所述，地质工作应立足现代地球科学理论和探测技术，综合应用地、物、化、遥等多种手段和信息技术，围绕满足国家经济建设需求和保障社会可持续发展需要，本着国家急需和填补空白优先的原则，有计划、分层次地开展国家基础地质数据采集与更新工作，实现陆域可测区域国家基本比例尺基础地质调查全覆盖、更新一批国家基础地质数据，提高我国基础地质调查工作程度。

二、能源矿产地质工作

根据发达国家的历史经验，随着工业化进程的不断推进，人均矿产资源消费量与人均国内生产总值呈"S"形曲线变化关系。在工业化不断推进的过程中，人均矿产资源消费量将随人均国内生产总值的增长持续上升，并在工业化中后期达到历史最高水平。近年来，通过加大地质勘查力度和矿产资源开发，我国建立了一批大型矿产资源生产基地，以矿山为依托的城市发展到300多个，矿产资源生产集中度进一步提高，矿产资源供应不断增强，但仍赶不上需求的增长。随着我国经济的持续稳定增长和基础设施建设的不断完善，全国矿产资源需求将依然保持旺盛态势。

能源矿产是国家资源安全和经济发展的命脉，中国经济奇迹的创造，离不开能源矿产的有力支撑和保障。改革开放后的 40 年间，我国一次能源消费量增长了近 7 倍，其中煤炭和石油增长了 5.7 倍、天然气增长了 15.2 倍，累计消费煤炭 760 亿 t、石油 101 亿 t、天然气 2.2 万亿 m^3。

能源矿产地质工作的总体目标任务是，到 2020 年，西部地区、管辖海域能源矿产资源调查评价工作程度将整体提高，全国能源矿产资源潜力基本清楚，能够满足矿政管理、高层决策的需求；新增一批能源矿产资源勘查远景靶区，提高矿产资源勘探开发可持续接替的基础保障能力。

能源与我国经济增长之间存在长期的协整均衡关系，是推动我国经济增长的重大引擎，为我国工业化和城市化的发展提供了充足的物质保障。随着居民消费水平的不断提高，消费结构正悄然从以"吃、穿"为主的温饱需求向"住、行"转变，加快产业结构调整、推进新型工业化发展，都对能源资源提出了更大的需求。能源矿产地质工作内容为：加强煤炭、石油、天然气、铀等重要能源矿产资源远景调查评价，启动并积极推进煤层气、油页岩、油砂、天然气水合物等非常规能源矿产资源远景调查评价，为能源工业快速发展提供资源基础保障，促进经济社会可持续发展。

三、非能源矿产地质工作

在经济全球化的今天，资源全球配置已经成为不可逆转的趋势。我国在全面建成小康社会实现现代化的道路上，必须有效利用国外矿产资源配置，鼓励国内企业"走出去"进行资源勘查开发。

非能源矿产勘查成果能有效满足经济社会发展对矿产资源的巨大需求。改革开放后的 40 年，我国累计探明铁矿石资源储量 515 亿 t，铝土矿 46 亿 t，铜 8400 多万 t，钾盐 11 亿 t，等等。累计生产铁矿石 198 亿 t、铝土矿 6.5 亿 t，以及数以千万吨计的铜、铅、锌等大宗矿产，基本保障了这一时期大宗矿产 50% 以上的累计消费需求。国内钾盐供应能力从改革开放初期的不足 5%，迅速上升到近年来的 70%，对保障粮食安全意义重大。在资源大量消耗的同时，绝大部分矿产的保有资源储量实现了增长，其中 2017 年铁矿石、铜、铝、铅、锌、钾盐保有资源储量分别相当于 1978 年的 2 倍、2 倍、4.3 倍、4 倍、3.3 倍和 5.2 倍，为我国矿产资源安全保障打下较为坚实的基础。

非能源矿产地质工作的目标任务是总体提高我国非能源重要矿产调查评价工作程度，至 2020 年，西部地区主要成矿区（带）基本达到目前东部成矿区（带）的调查评价水平；中、东部地区重要成矿区（带）在隐伏矿产预测评价方面取得新进展；东部地区深部"第二找矿空间"的资源调查评价取得成效；基本摸清我国重要成矿区（带）重要矿产资源家底；通过综合研究和科学预测工作，对重点成矿区（带）矿产资源潜力做出评价，对全国重要矿产资源潜力做出科学的整体评价。通过境外的非能源重要矿产资源潜力评价，提出一批境外找矿远景区带，引导国内有条件的企业到境外开展重要矿产资源勘查。为政府的矿产资源规划、管理、保护与合理利用提供科学依据。非能源矿产战略的主要工作内容有以下几点。

①全国非能源重要矿产资源潜力综合评价。
②战略性矿产远景调查。
③战略性矿产潜力评价与前期勘查示范。
④境外矿产资源调查评价。

四、海洋地质工作

海洋地质工作的总体目标任务是，海洋地质工作在海洋权益维护、海洋资源开发、海洋生态环境建设、海洋工程建设、减灾防灾等领域发挥重要的基础性、先行性支撑作用。到2020年，完成重要海洋经济区海洋带新一轮地质调查，建立起全国海岸带地质监测与地质灾害预警体系；完成16幅1：100万海洋区域地质调查、90幅重要海域及专属经济区争议海域1：25万区域地质调查，实现对我国管辖海域区域地质调查的全覆盖；完成重点海域环境地质调查；基本查清近海、大陆架、专属经济区油气等矿产资源潜力，落实一批具备大中型油气田发现潜力的勘查后备区，为在海洋实现油气战略接替提供资源基础保障；天然气水合物资源、大洋多金属矿产资源勘查与开发取得突破性进展；海洋地质科技创新能力显著提高，整体上达到国际先进水平；海洋地质装备整体实现现代化；建立起完善的国家海洋地质数据库和样品岩心库；地质资料信息化水平与社会化服务能力显著提高。

五、水文地质工作

建成了地下水供水水源地1800多处、各类开采井9700多万眼，满足了北方地区60%和南方地区30%的生活用水，其中，在全国14个集中连片贫困区实施地下水供水勘查示范井2.6万多眼，解决了2200多万人饮水困难。这些工作，为我国提前6年实现联合国千年宣言确定的饮水安全发展目标提供了有力支撑。在赣南、乌蒙山等贫困地区发现大量矿产地、矿泉水、地质遗迹、富硒土地等资源，促进了贫困地区绿色矿业、富硒特色农业、地质旅游业等产业发展，惠及 2000 多万人，带动 200 多万贫困人口脱贫，走出了一条"地质+"特色扶贫之路。完成了主要粮食主产区土地质量地球化学调查，圈定了一批富含硒等营养元素的耕地和部分受污染土地的分布范围，有效支撑了土地利用规划、特色农业发展。

水文地质工作目标任务是全面提升我国主要盆地和平原区水文地质调查程度。建设完善国家级地下水监测网络，实现流域尺度地下水动态调查评价；在能源基地、严重缺水地区及地方病害高发地区取得找水突破，提出具有开发利用前景的地下水水源地；实现地表水地下水联合调蓄，优势互补；加快地热资源开发利用。充分发挥地下水的资源功能、环境与生态功能，努力解决水资源瓶颈，为全面建成小康社会提供有力的资源保障和基础支撑。

六、灾害地质工作

我国地形地貌变化多样，山地丘陵面积广布，地质构造复杂多变，具有极易发生各类地质灾害的自然地理条件，一直以来都是地质灾害多发的国家。随着近年来全球自然环境的持续恶化，各种极端气候变化和地壳活动使得我国地质灾害的发生具备了更为充足的自然条件。然而，现阶段我国高速发展的经济社会趋势，决定了未来若干年我国经济社会建设活动将持续增加。

城市扩张、基础设施重大工程投入等规模庞大的人类工程活动，势必对地质环境产生巨大的人为扰动，带来一系列地质环境问题。资源需求保持的旺盛态势要求加大资源开发力度，土地资源开发、矿产资源开采等活动大举展开，如不重视区域生态环境承载容量，必将导致严重的生态环境破坏。所以自然环境的恶劣和人类扰动的增加，给我国灾害防治和环境维护带来了巨大挑战。

地质灾害调查以我国西部突发性地质灾害多发区为重点，兼顾中东部重要城市区和国家重大工程建设区（沿线）。原则上以 1：5 万精度为主，在地质灾害极为严重的地区适当提高调查精度，主要包括秦巴及黄土高原地区、西南山区、湘鄂山区等地质灾害严重区。

在地质灾害调查工作的基础上，选择地质灾害潜在危害严重的地段，建立国家级地质灾害监测预警区，开展区域地质灾害监测和单体地质灾害监测。在中东部地区建立地面沉降、地裂缝监测网络，包括长三角地区、华北平原地区、汾渭盆地等。重点突发性地质灾害监测预警区包括浙东南丘陵山地滑坡泥石流、辽东南山地滑坡泥石流、中俄界河地质灾害、秦巴山地滑坡泥石流、陇中黄土高原滑坡泥石流、新疆伊犁谷地滑坡泥石流、滇西北高山峡谷地滑坡泥石流、藏东南高山峡谷滑坡泥石流。

灾害地质工作的主要目标任务是全面提高我国地质灾害调查研究程度，建立较完善的国家级和省级地质灾害专业监测预警网络，形成群专结合、多方协调一致的全国地质灾害综合防治体系。

七、重大工程地质工作

地质工作不仅争当规划建设的开路先锋，还为安全运营保驾护航，在重大工程与基础设施的规划选址选线、优化建设方案、工程勘查施工等方面，发挥了基础性、先行性支撑作用。无论铁路、公路、隧道、输油气管线、输水管道，还是机场、港口、桥梁、核电站、水库大坝等，都有地质工作者的贡献。

重大工程地质工作的主要目标任务是超前开展国家能源、交通、水利及城建等重大工程规划区的地质基础工作，为工程的选址选线、建设和安全运营提供基础依据。

对处于立项论证阶段的国家重大工程，根据工程建设规划，调查论证工程区地质环境现状及容量、区域地壳稳定性、水文地质条件、工程地质条件、地质灾害等，为工程建设提供地质依据。对国家铁路网、高速公路网、中西部地区国道线（改建）、川藏公路、滇藏公路、南水北调西线工程、中西部重要输油气管线等已经立项或开工建设的国家重大工程，根据工程选址、施工与运营设计，进一步综合调查评价工程区基础地质、地壳稳定性、水文地质、工程地质、环境地质和灾害地质，预测工程运营过程中可能出现的地质问题，提出防治措施和建议。

八、地质科学研究和技术创新

2018年我国在地层、地球生命与环境协同演变、黄土地质、岩溶地质、华北克拉通破坏等研究方面，取得一批原创性成果，在国际上占有重要位置。复杂地表地震勘查技术、大型压裂技术、天然气水合物勘查开发技术、勘查地球化学技术等进入世界领先行列。地质科技实现了理论、技术、工程、装备的重大创新，形成了较为完整的学科体系和技术装备体系，引领我国从地质大国向地质强国迈进。

地质科技的全面进步，完善地质科技创新体系，为地质工作提供全面科学支撑，整体提高我国地质勘查技术和地球科学研究水平，以使其达到世界先进水平。

按照《国务院关于加强地质工作的决定》的要求，地质科学研究和技术创新的重点任务主要有以下几点。

①积极开展重大地质问题科技攻关。突出重点矿种和重点成矿区（带）地质问题研究，大力推进成矿理论、找矿方法和勘查开发关键技术的自主创新。

②积极开展非常规油气资源、低品位资源、难利用资源以及尾矿资源的开发利用技术研究。

③加快推进地质工作信息化。继续实施地质调查数字化工程，在矿产资源调查评价中，广泛应用地理信息系统、全球定位系统和遥感技术等现代信息技术。

④加快对地观测、深部探测和分析测试等高新技术的开发与应用。

⑤实施地壳探测工程。提高地球认知、资源勘查和地质灾害预警水平。

⑥提升地质装备水平。提高现有地质装备利用的效率，增强矿产资源评价核心技术和关键装备的自主研究开发能力。

⑦加强重点实验室、工程技术研究中心、野外长期观测站网等科技平台建设。

⑧充分发挥地质类高等院校和科研机构在地质科技领域的作用；建立多渠道的地质科技投入体系。国家逐步增加地质科技投入，并在相关地质专项中合理安排重大科技问题研究和新技术推广的经费。

第三章　国内外地质勘查高新技术的发展趋势

20世纪50年代以来，以微电子技术为代表的一系列现代高新技术对世界经济产生了深刻的影响，特别是进入70年代后，人类社会开始面临着高新技术的严峻挑战，高新技术产业的迅速崛起，引发了世界政治、经济格局的巨变，在激烈的世界经济竞争面前，各国都充满了紧迫感和危机感，适者生存、劣者淘汰，为了发展本国经济，谋求竞争优势，几乎所有国家都把发展本国的高新技术产业作为一项重要国策。当前，围绕高新技术而展开的国际性竞争与角逐，已经成为世界经济发展的主导潮流。

第一节　遥感技术的发展

一、遥感数据分辨率不断提高

随着科学技术的发展，遥感信息存储、处理与应用技术也得到不同程度的发展。目前已经广泛应用于矿产资源调查、土地资源调查、地质灾害监测与环境保护等各个领域，并发挥着越来越重要的作用。

随着世界经济和社会的发展，人们对地球资源和环境的认识不断深化，对高分辨率遥感数据的要求也不断提高。这种高分辨率体现在高时间分辨率和高地面分辨率两个方面。

20世纪90年代，印度的卫星地面分辨率达到5.8 m，俄罗斯的卫星地面分辨率达到2 m；1999—2003年，美国发射了伊科诺斯（IKONOS）卫星、快鸟（Quick Bird）卫星和OrbView-3卫星，全色波段的地面分辨率在1 m以下，多光谱的地面分辨率为2～4 m；法国、以色列也拥有类似的高分辨率卫星。

近几年来，光谱分辨率的提高是卫星遥感发展的又一个趋势。高分辨率的空间信息较好地适应了众多用户的需求，具有较好的商业化前景。1999年美国发射的Terra卫星上装载的中分辨率成像光谱仪具有36个波段；号称"新千年计划"第一星的美国地球观察者1号（EO-1）卫星装载了一台光谱分辨率达10 m、共220个波段的高光谱成像仪，具有特殊的优势。

二、全天候微波遥感迅速发展

微波遥感的发展为克服天气条件对空间信息的影响开辟了途径。

1981年以来，美国利用航天飞机执行了3期航天雷达计划（SIR-A，SIR-B，SIR-C）。对星载雷达的许多关键技术和应用基础问题开展了全球范围的实验研究。此外，一项对地球表面测绘制图的革命性技术，即美国"航天飞机雷达测图计划"（SRTM）的技术系统，对今后的卫星遥感发展，特别是在测绘制图方面产生了重大影响。俄罗斯的"钻石"卫星系列在雷达卫星中占有重要地位。1991—1999年，俄罗斯共发射了4颗"钻石"雷达卫星，所获得的数据也在国际上得到了一定的应用。

欧洲太空局的地球资源卫星主要面向海洋，定位在微波遥感，特别是雷达遥感上。1991年发射的两颗卫星（ERS-1，ERS-2）至今尚在运行。2002年发射的超大型平台环境卫星（ENVISAT）集光学和微波对地观测于一身。

加拿大的雷达卫星具有多种工作模式，即多入射角、多成像带宽、多分辨率的特点，可在45 km、75 km、100 km、150 km、300 km和500 km的地面宽度上成像，最高地面分辨率为6 m，最低为100 m。具有很强的数据处理、数据服务以及在全球多个地面站的接收能力，成为目前使用最为广泛的空间雷达信息数据源。

三、综合性和专业化成为卫星发展的两个方向

自20世纪80年代末期以来，以美国为主的对地观测计划是最为综合、最全面的一项全球性研究计划。计划中的一系列大型综合卫星平台，如Terra、Aqua、Aura等也集中体现了当前发展的最新对地观测技术。除此之外，正在执行中的有16个国家参加的国际空间站计划，也拟将这种大型载人的航天设施作为一种特殊的综合平台实施对地观测，而这种观测将全面涉及陆地表面、海洋和大气。

在人们倾注于发展大型综合平台，实施较全面而综合的对地观测的同时，一种专业性很强、目标明确的小卫星甚至微卫星、纳卫星也在悄然兴起，并得到发展，这种"快、好、省"的空间对地观测系统尤其受到广大中、小国家的欢迎。美国数字全球公司的"晨鸟"和"快鸟"卫星，空间成像公司的IKONOS卫星，以及轨道成像公司的OrbView系列卫星，甚至美国喷气推进实验室的LightSAR，TRW公司的Lewis高光谱卫星，都属小卫星之列。美国鼓励发展小卫星，旨在提高其商用价值。以色列和法国为军事需要，研制和发射了地面分辨率为1 m的小卫星，其中以色列在高分辨率成像方面技术先进，提高了其卫星的小型化程度。

四、航空遥感对地观测起着不可替代的作用

在卫星对地观测高度发达的今天，航空遥感仍然受到世界各国的高度重视。许多发达国家都组建了国家级的大型、综合航空遥感系统。美国所拥有的先进遥感飞机，如 ER-2 型飞机、C-130、C-141、DC-8 等大型飞机平台最受人们关注。其中，飞行高度达 20 km 以上的 ER-2 型飞机可装载数十种仪器。同时，由于军事需要，无人驾驶飞机有了很大的发展。例如，在美国的军事行动中，"全球鹰"无人机发挥了至关重要的作用。作为对地观测的一个组成部分，这种在平流层的对地观测系统也在一些国家加快了研发的进度。

五、将观测数据的持续性和稳定性放在重要地位

美国、法国继续保持他们的陆地卫星（Landsat）和 SPOT 卫星的系列化。陆地卫星自 1972 年首次发射至今，其空间分辨率已从原 MSS 传感器近 80 m 提高到 ETM 传感器的 15 m，但它 185 km 的地面覆盖宽度始终如一。SPOT 卫星的最高空间分辨率从初期的 10 m 提高到 2.5 m，其地面覆盖宽度也一直保持在 60 km。持续性和稳定性使得这两种卫星的数据位于了光学遥感卫星数据市场前列。继美国、法国之后，加拿大、欧洲太空局、日本和俄罗斯也先后于 20 世纪八九十年代研制发射了本国（地区）的资源、环境卫星。这些卫星不仅技术上不乏先进性，而且具有很强的数据获取能力。但其系列性不强，所产生的作用和影响均受到一定的限制。

作为发展中国家的印度，其"印度遥感卫星"系列被认为是世界上最好的民用遥感卫星系列之一，且拥有全球最大的遥感卫星星座。从 1988 年开始，印度几乎每隔 2~3 年发射一颗资源型卫星，2005 年还发射了测图卫星，受到了世界的关注。印度资源型卫星成为继美国、法国之后在地球空间轨道上稳定运行的另一卫星系列。

第二节 物探技术的发展

物探（亦称为地球物理勘探）方法种类繁多，根据观测空间和所利用的物质的物理性质的不同，可分为航空物探、地面物探和地下物探。航空物探包括航空重力测量、航空磁力测量、航空电磁测量、航空伽马能谱（放射性）测量四大类；地面物探包含重力探测、磁力探测、电磁法探测、地震探测、放射性探测五大类；地下物探包括井中物探、坑道物探和地球物理测井。

一、航空物探技术

（一）航空重力测量

最近几年，国外航空重力测量精度达到 0.6 m Gal（微伽），空间分辨率小于 3 km。同时，还研发了更高测量精度的航空重力梯度测量系统，已有三套系统投入航空地球物理商业勘探中。此外，英国、美国、加拿大、澳大利亚等发达国家正在加紧研制超导重力梯度仪。俄罗斯 GT 重力技术有限公司目前正在研制新一代的捷联惯导式航空重力仪，命名为 GT-X。

在数据解释软件方面，加拿大 NGA 公司研发的 GM-SYS 软件，澳大利亚恩康科技有限公司研发的恩康模型视觉（Encom Model Vision）软件是重磁数据解释方面的专业软件，可以方便地建立和修改模型及相关参数，进行 2D 或 3D 重磁正反演和进行地质解释，适合于金属矿勘查、非金属矿勘查领域的重磁正反演。

（二）航空磁力测量

近些年，随着科技的快速发展，用于磁法勘探的高精度仪器设备及三维数据处理技术等有了长足的进步，勘探能力和效果有了明显提高，尤其是 GIS、GPS 技术的应用，航磁全梯度磁力测量和三分量磁力测量、卫星测量、航磁和地磁异场弱信息提取等具有创新技术特征的研究与成果有了实质性进展，这对今后寻找深部矿产具有重要意义。

在仪器装备方面，航空磁力仪依然是地质调查和矿产资源勘查中最重要的设备之一。国外航空磁力仪正朝着数字化、小型化、智能化方向发展，仪器分辨率已经达到 pT 级，并已研制出新型磁力传感器（如超导、原子磁力仪）实验室样机。国外航磁梯度测量技术已达到工程化应用水平。

（三）航空电磁测量

国外以时间域直升机吊舱系统为主的航空电磁测量系统发展速度快，近 10 年问世的航空电磁测量系统就有十多种，技术比较成熟。国外的时间域航空电磁系统常用的运载工具主要有 Casa-212、Skyvan、Trislander、DC-3、Dash-7 等轻中型固定翼飞机。

目前，使用无人机进行航空物探测量技术在国外发展比较迅速，尤其是在欧美发达国家。加拿大多家航空地球物理公司，如 Fugro 公司、Universal Wing 公司现已将无人机航空电磁测量应用于实际的测量生产中，取得了较好的效果，也大大提高了测量效率，有些方面甚至优于固定翼飞机的标准，如在定位准确性和升降速度方面远远超出了传统有人驾驶飞机所能达到的标准。同时，国外的多所高校也加大了无人机航空物探测量的研究力度，如加拿大卡尔顿（Carleton）大学与 SGL 公司联合研制了 Geosury II 无人机航空电磁测量系统。

加拿大 Geosoft 公司研发的 Oasis Montaj 软件代表了当今世界地球物理软件的先进水平，功能涵盖地球物理、地球化学、地质等领域，具有高性能的数据库、精确的地图数据、高效的栅格化算法等特点，并支持大数据量无缝协同。该软件是世界上用于磁性数据处理、解释的主流软件，它提供了数据存取、处理、解释、数据共享和数据成图等功能。加拿大研发的 EMIGMA 软件是电磁/磁数据解释的主流软件，可应用于频域电磁法、大地电磁法、可控源音频大地电磁法、瞬变电磁法等物探方法，具备综合地球物理数据处理、成图、模拟和反演等功能。美国的 Zonge 公司和瑞典的 ABEM 公司也开发出了与仪器相配套的电磁法数据处理系统，优点是软件系统与仪器结合紧密，针对性强。三维电磁探测技术目前是计算机应用最为密集的领域之一，也是国际前沿性的研究方向，国外的科研和商业机构一直在这一领域进行开发，但由于其数据处理和解释工作极为复杂，目前还无法满足三维电磁探测数据处理、解释的整体工作需要。

（四）航空伽马能谱测量

以加拿大 Scintrex 公司 GRS16 型（256/512 道）为代表的航空伽马能谱测量系统，采用自动稳谱技术，数字输出、硬盘记录等较为轻便。该公司最近新开发了数字化的航空伽马能谱仪，能谱道数增至 1024 道，并投入实际应用。此外，加拿大 Exploranium 公司开发的新一代 GR-820 型 256 道航空伽马能谱测量系统已经广泛地应用于实际的能谱测量中。

在软件解释方面，加拿大 PEI 公司开发的 Paga 软件是唯一拥有完整全谱数据处理能力的商业化伽马能谱数据处理软件。该软件除了具有传统的数据处理功能外，还集成了基于全谱谱线数据的校正处理方法、多种针对谱线数据的噪声消除方法和多种大气校正方法等功能，提高了能谱数据处理能力和效果。

二、地面物探技术

（一）重力探测技术

重力勘探是通过观测地球重力场的时空变化来研究并解决地质构造、矿产分布、水文资源以及与之相关的各类地质问题。重力测量仪器主要有机械式的石英弹簧重力仪、金属弹簧重力仪与超导重力仪，仪器精度由 10μGal

提高到 1μGal。现在正在研制和使用的重力仪已经超过了 60 种。当今世界最先进的重力仪以 CG-5 和 LCR-D/G 系列的数字化智能型高精度重力仪为代表，其读数分辨率达 1μGal，重复观测精度小于 5μGal。我国目前主要以引进为主，现已开始数字重力仪的研发。

重力测量仪器研制的另一发展方向是重力梯度仪。20 世纪 90 年代，美国和澳大利亚开始研究用于重力梯度仪的蓝宝石谐振器加速度计。目前已走出或将要走出实验室的重力梯度仪是美国的旋转加速度计重力梯度仪、超导重力梯度仪和法国的静电加速度计重力梯度仪。

（二）磁力探测技术

磁力探测是根据测得的磁异常来判断确定引起该磁异常的磁性体的几何参数（位置、形状、大小、产状）及磁性参数（磁化强度大小、方向）。加拿大、美国等国的磁力仪产品代表了当今世界的最高水平。其发展趋势表现为高精度、小型化、自动化和智能化；与 GPS 一体化；输出方式多样化，包括数据输出、视频输出和声频输出、现场数据处理、模拟与解释等，适用于多个应用领域；多探头配置；多参数测量。如加拿大 Scintrex 公司研制的 CG-3 自动重力仪与 MP-4 磁力仪探头相连，进行同点重磁观测。

（三）电磁法探测技术

国外电磁法探测技术不仅在方法理论上取得较大进展，在电磁法仪器的研制与商品化生产上以及在资源勘查中获得找矿效果方面，更是成果突出。特别是近 20 年来，国外相继推出了多种类型的电磁法探测仪器系统，如加拿大凤凰公司研制的 V5、V5-2000、V-6、V-8 系统；美国 Zonge 公司研制的 GDP-16、GDP-32、GDP-32 Ⅱ系统，EM 公司研制的 EH-4、MT-24 阵列式大地电磁系统；德国 Metronix 公司研制的 GMS-05、GMS-06 和 GMS-7 系统。

近些年来，加拿大 Quantec Geoseience 公司推出了 TTAN24 阵列 "MT+IP" 测量系统，澳大利亚推出了 BHP MIMDAS 阵列 MT 连续剖面测量系统和 Geoferret EM 阵列 TEM 系统。电磁法探测仪器的发展正在由以前的单一方法的电磁仪器向多种方法仪器集成发展，在由变革有线多道集中式仪器向分布式阵列同步观测新型仪器发展。随着阵列式电磁与激电综合测量系统的发展，综合电磁、激电二维可视化反演技术和电阻率成像及三维形体反演技术也日趋成熟。前反演技术研究重点已由一维、二维转向三维反演。开展电磁与激电融合多参数互约束反演技术研究，也是阵列电磁与激电融合方法反演技术的重要发展方向。

（四）地震探测技术

地震探测技术方法门类众多，包括反射波法、折射波法、瑞雷波法、地震映像法、垂直地震剖面法等，其中应用最广的是反射波法。地震探测技术主要应用于能源矿产（石油、天然气、煤炭）等勘查领域。

近 10 年来，加拿大、澳大利亚和南非等国家十分重视金属矿地震探测法的技术研究，相继开展了金属矿岩石波阻抗及反射系数研究、金属矿（块状硫化物）散射波场模拟研究、反射地震直接探测金属矿体试验研究、井中地震成像和 3D 金属矿地震成像研究等，较好地解决了沉积矿产勘查中的地质问题以及非沉积矿产勘查中的地质构造、岩性填图、侵入体和蚀变带的圈定、块状硫化物矿体分布等地质问题，取得了较好的勘查效果，显示出其广阔的应用前景。

近年来，三维地震探测成为地震探测技术研究的新热点。三维地震探测具有很高的信噪比和分辨率，获得的信息量丰富，对地下的地质构造形态可直接或间接反映出来，其解决地质问题的效果和能力，是以往常规二维地震探测无法比拟的。三维地震探测技术在页岩气开发中发挥了重要作用，被认为是开发初期最常用的技术手段。

当今世界上地震探测技术研究的另一个热点是多波探测技术。近年来，随着油气探测开发难度的加大、地震技术装备水平的提高，多波（多分量）地震探测日益受到重视，并已逐渐进入工业化生产，成为石油资源、煤炭资源探测与开发领域中最活跃、最有潜力的地震探测方法之一。但多波地震探测技术应用仍处于初期阶段，其采集处理和解释等技术还有待于进一步发展。

（五）放射性探测技术

20 世纪 80 年代以来，国内外发展较快的放射性探测技术及应用领域主要有中微子在地球科学中的应用、应用核技术探测纳米级微粒和气体、应用核技术原位测品位并计算线储量（包括射线荧光辐射取样、中子活化辐射取样和伽马射线辐射取样）、地面伽马能谱测量、射线荧光测井、水底和海底天然放射性方法测量、水底和海底中子活化方法测量、水下射线荧光测量、核磁共振方法、在工程中应用核技术、反射宇宙中子法，以及在环境科学中应用核技术等。

三、地下物探技术

地下物探包括井中物探、坑道物探和地球物理测井。地下物探大大开拓了地下探测的空间，尤其深部找矿地下物探引起了国内外的重视。从世界范围看，地下物探技术均处于发展阶段。下面重点介绍地球物理测井技术。

地球物理测井是勘探和开发油气田的重要手段。20世纪90年代以后，井下仪器向阵列化、系列化、数字化方向发展，地面测井系统向成像化发展。全球有四大石油测井国，即美国、法国、中国及俄罗斯。美国、法国有先进的测井设备（包括地面系统、井下仪器及辅助设备等）和测井资料解释评价软件包。斯伦贝谢（Schlumberger）跨国公司的Doll研究中心领跑测井技术前沿。在西方，测井分为电缆测井和随钻测井两大类。斯伦贝谢公司、美国的哈里伯顿（Halliburton）公司及贝克休斯（Baker Atlas）公司，这三大测井公司控制了电缆测井开放的国际市场92%的工作量。

随钻测井技术主要被斯伦贝谢公司、美国的哈里伯顿公司和贝克休斯公司垄断，出现随钻测井技术部分代替电缆测井技术的趋势。俄罗斯与美国、法国不同，有自己独特的测井方法和测井仪器，其中核磁测井、电磁波测井、宽频带声波测井及中子寿命测群等古法独特先进，但测井仪器制造工艺粗糙。苏联发现了水淹油层的导电机理，做出了世界上第一条电阻率与饱和度曲线，促进了测井解释技术的发展。

成像测井技术、随钻测井技术、核磁测井技术、多井精细解释技术、高温高压井的测量与解释、水平井的解释模型及方法研究、过套管井的剩余油饱和度测量方法及解释技术等将是未来测井技术发展的主要方向。与测井资料处理解释相关的软件向高度集成化、可视化方向发展。随钻测井技术、成像测井技术、核磁共振测井技术、小井眼测井技术、多系列组合测井技术及测井与地震结合技术是当前测井技术的发展方向。成像测井技术是当代测井领域的前沿技术，不仅用于油气勘探，还用于油田开发。

第三节　钻探技术的发展

一、钻探技术发展现状

西方工业化国家和主要矿业大国的地质岩心钻探技术以绳索取心钻进、空气钻进为主，产品质量和技术水平一直保持较大的优势。另外，发达国家在定向钻进技术、环保钻井液技术、长寿命金刚石钻头以及全液压钻探装备、自动化钻机等方面也保持一定优势，在钻探产品的技术标准方面也具有强势话语权。

目前，美国、澳大利亚、加拿大、南非和欧洲等一些发达国家和地区所采用的岩心钻进方法主要有金刚石回转钻进、三牙轮钻进和气动潜孔锤钻进。另一项重要发展是采用计算机来控制钻进，以减轻工人劳动强度，提高钻进效率和钻进精度。取心方法包括常规提钻取心（Conventional Core Drilling）、绳索取心（Wireline Core Drilling）和反循环取样（Reversery Circulation），但用的较多的还是绳索取心和反循环取样。

钻机方面，国外市场上全液压动力头岩心钻机已经成为主流机型，已形成完整的产品系列。以瑞典阿特拉斯·科普柯（Atlas Copco）公司生产的 CS 系列全液压地表取心钻机、Diamec 系列全液压坑道取心钻机、R 系列反循环钻机，加拿大 Boart Longyear 公司生产的 LF 系列全液压地表取心钻机，澳大利亚 UDR 公司生产的 UDR KL 系列和 UDR 系列全液压取心钻机为主导。钻机的钻深能力有大幅度提高，钻机均为全液压动力头长行程钻进。

地表钻机动力设备方面，大部分为柴油机或电动机，移动形式有履带自行式、卡车自行式和轮胎拖挂式；而地下巷道钻机动力大都为电动机，移动形式大都为履带自行式和轮胎拖挂式。

二、钻探技术发展趋势

钻探工艺方面，由于反循环钻探技术与取心钻探技术相比，具有施工效率高、单位成本低的特点，在国外已普遍应用。

钻杆方面，近年来，绳索取心钻进是地质岩心钻探的首要技术手段，被各领域广泛采用。但是，随着钻孔深度的不断加大，绳索取心钻杆的性能成为深孔施工的首要制约因素，国外一些设备公司研发的绳索取心钻具，通过对钻杆螺纹、钻杆结构及材质等方面进行研究，大幅度提高了绳索取心的钻进深度。

钻头方面，在当前地质岩心钻探领域，绳索取心技术作为首要的钻探技术，其配套的钻头仍然以金刚石孕镶钻头为主，国外的企业则以高品质的金刚石和质量优秀的粘接胎体材料取胜，以获得比较长的钻头使用寿命、比较高的钻进效率和谱适性。

钻具方面，目前主要是在提高可靠性、钻进效率和取心质量等方面有一些新的成果出现，如阿特拉斯的快速泵送绳索取心钻具、球卡式定位绳索取心钻具等，这类钻具在孔内定位上更加可靠，打捞过程更为顺利。该领域与国内的绳索取心钻探发展方向相同，仅是采用的方法有所不同。

与国内相比，国外钻探施工多为 1000 m 以内的浅孔，深孔钻探装备尚未成为其主要发展需求；因施工地域更为广阔、人员成本高，国外对装备的运移及适应性更为重视；从综合施工成本控制和钻探施工安全保障方面，更加重视发展钻探施工过程的机械化、程控技术和安全可靠性；对钻探施工进行综合经济分析，结合钻头冶金技术的突破，取得了谱适、高效、长寿命等钻头性能的新成果；为更好地服务地质矿产勘查，针对地质研究需要，开发了更为准确和易用的岩心定向及取心定向钻进技术；同时，更多孔内综合物探测井仪器的产品小型化，为进一步满足地质勘查需求提供了利器。

第四节　地质信息技术的发展

一、地质信息技术的发展历程

地质信息技术的发展始于 20 世纪 60 年代初。最初是物、化探数据处理和模型正、反演的计算机应用，接着是 20 世纪 70 年代中期基础地质信息的 RS 技术和地质图件编绘的 CAD 技术引进，再接着是 80 年代初测试数据和描述性数据管理的数据库技术引进，以及地质过程计算机模拟理论和技术的兴起，然后是 90 年代初用于空间数据管理和空间分析的 GS 技术引进，随后是 90 年代后期野外地质测量的 GPS 技术和 GPS、RS、GS 集成化概念的引进，最后是 21 世纪初用于地质数据分析二维、三维一体化技术及信息共享服务的云计算技术的应用。这里需要着重指出，地球空间信息科学在地质信息科学近期发展中所起的促进作用。所谓地球空间信息科学，是一个以系统方式集成所有获取和管理空间数据方法的学科领域，它是地球信息科学中较为成熟的分支学科，其技术体系由 GPS、RS、GIS "3S" 及其集成化技术、计算机技术和网络通信技术等组成。地球空间信息科学为地球信息科学提供空间信息框架、数学基础和信息处理技术。由于地矿勘查对象都带有空间特征，地球空间信息科学从理论、方法和技术等方面深刻地影响着地矿勘查工作。上述 "3S" 及其集成技术一出现便被引进地矿领域。由于地质信息科学和地质勘查对象及技术的特殊性和复杂性，所引进的各种信息技术成果都经过了改造和再开发，并与原有的技术融合和集成——"多S" 集成，才成为今天的地质信息科学技术体系。所谓 "多 S" 是 DBS、GIS、GPS、RS、DPS、CADS、MIS、ES 等的总称。其中，DBS 是 Data Base System（数据库系统）的缩写；GIS 是 Geographic Information System（地理信息系统）的缩写；GPS 是 Global Position System（全球定位系统）的缩写；RS 是 Remote Sensing（遥感）的缩写；DPS 是 Digital Photograph System（数字摄影系统）的缩写；CADS 是 Computer Aided Design System（计算机辅助设计系统）的缩写；MIS 是 Management Information System（管理信息系统）的缩写；ES 是 Expert System（专家系统）的缩写。

因此，地质信息科学的技术体系是在借鉴和引进遥感技术、数据库技术、计算机辅助设计技术和地理信息系统技术的基础上发展起来的。由于地质信息及其处理本身极端复杂，需要有"多S"结合与集成，另外缺乏专门的技术体系和方法论体系研究，因此，至今也没有形成一个如同GIS和"3S"集成对于地理信息科学那样完整的技术体系和方法论体系，多数地质信息技术的应用仍然是孤立和分散的。近几年，随着"数字地球"的提出，各国政府和地矿部门纷纷把地矿勘查工作信息化的构想付诸实施，大大促进了地质信息技术的发展。

二、国际地质信息技术的发展方向

计算机技术、数据库技术、网络技术、虚拟技术等现代化技术深入应用到了地学众多专业领域，已经由解决某一方面的问题发展到解决从数据采集、数据管理、分析处理、成果表示直至信息服务的全过程信息化问题，为资源勘查、气候变化、环境保护、灾害预警等与人类活动息息相关的各项科学研究与应用带来了革命性的进步，让大气圈、生物圈、水圈、岩石圈信息的交叉融合研究成为可能。同时，地学信息产品服务打造的信息产品由分散的、专题性的数据扩展到了多专业、多领域、多维次、多形式的集成产品，使数字化知识的开发、整合与应用成为信息技术服务于人类与环境变化的焦点。归结起来，目前国际地质信息技术研究的热门领域主要有以下四个方面。

（一）"地质一体化"计划推动全球地学数据共享

英国地质调查局于2006年发起了地质一体化（One Geology）"计划，其目标是创建一个动态的全球电子地质数据库，为各国提供并开放已有的不同电子格式地质数据，通过开发并使用网络标记语言GeoSciML，促进国际地学数据互联互通。该计划由众多国家和国际组织合作开展，全球参与的国家中有60个国家提供数据服务，通过门户网站可以访问提供服务的数据目录。今后，如何在全球倡导地学数据共享理念获得相关政府的支持与合作，推动地学数据的全球化无偿共享，达到百万比例尺地质图数据的浏览，进而实现更大比例尺、更多专业内容数据的浏览、下载等服务，将是"地质一体化"计划需要尽快解决的问题。

（二）地学空间数据基础设施建设与应用

无论是发达国家还是发展中国家，地学空间信息成为社会公众和政府决策的重要支撑数据，在资源环境、地质灾害、气候变化等方面有着巨大的社会需求和应用潜力，地学数据积累、共享、分发和应用已成为各国地质调查机构的基本职责和常态化工作。各国非常重视基础地学数据的积累、分布式数据集成与共享、数据资源开发应用和网络数据应用服务。欧盟与美国以立法的方式保障地学空间数据基础设施建设与应用的可持续发展。目前，发达国家基本完成了对地学空间数据的原始积累，各国地学空间数据库基础设施向着数据产品多元化、应用服务便捷化、操作简单化、共享全球化的方向发展。特别是基于网络、云计算等新技术在分布式数据共享、服务平台建设、多学科信息融合等方面，引领了国际地学空间基础设施建设与应用的方向。

发展中国家地学空间数据基础设施建设相对集中于海量数据资源积累与数据资源开发应用系统建设，在数据采集、大型数据库综合管理、数据共享与交换、网络服务、分析应用等方面，为公众提供公益性服务。

（三）三维地学信息产品日益增加，推动了地学知识的普及

3D技术在地学领域的应用是近些年的热点，主要集中在三维可视化表达、三维地质填图、三维模型构建等技术方法的研究、软件工具的开发与应用。3D模型极大地扩展了2D地质图的信息含量，可以清晰展示地下结构构造，地质体360°全景显示，可以让用户无须进行复杂的培训就能直观地看到地下的地质情况；模拟地下模型有助于对地下地质和环境的关系进行判别，为决策者制定规划提供更清晰的依据。

当前，澳大利亚发布了三维高光谱矿物系列图——ASTER矿产图，这是世界上首次发布的大洲级别的地表矿物填图成果，可以在线浏览和下载。英国地质调查局则在国际地学领域三维E技术的应用中引领了潮流，从3D模型浏览显示深入到了3D模型的分析，进而将用户由专业人员普及到普通大众，移动终端iEology3D智能系统的推广更是让三维地质延伸到普通公众的日常生活。德国利用WebGL技术实现了基于网络的3D模型可视化表达与交互式操作，多个用户可同时对模型的不同部分进行编辑。

（四）物联网、大数据等高新技术正逐步融入地质领域

进入21世纪，信息技术创新步伐向高速、大容量、网络化、综合集成化方向发展的势头更加迅猛。同时，通信、光学、微机械、认知科学、传感技术等多学科相互交叉，涌现出物联网、云计算、大数据等新技术、新理念，正孕育着新的重大突破。信息技术的迅猛发展正深刻地改变着信息化发展的技术环境与条件。

1999年物联网这一概念一经提出，在传感器产业、射频识别（RFID）产业、

通信产业等的标准化、数据存储、数据处理、智能分析及预警等多方面取得了显著进步与成果，大部分技术趋于成熟或基本成熟，相关产品已应用到智能交通、物流、军事、灾害防治等领域。美国、英国等早已开始使用具有物联网特性的地质测量、矿产开采监测、地震监测、地质灾害监测等设备，并已逐步向规模化、产业化发展。以2011年日本福岛地震预警为例，日本通过对各类地震传感器采集数据的分析，提前数十秒预警了福岛7.0级地震，避免了巨大的损失。在物联网、云计算、移动互联网等技术进步的推动下，数据发生了"大爆炸"，其规模呈几何级倍数上升，已跨入以ZB为基本计算单位（1 ZB = 1024 EB = 1024 × 1024 PB = 1024 × 1024 × 1024 TB）的大数据（Big Data）时代。"开采"大数据以挖掘其内部蕴藏的"富矿"成为研究焦点。各国均非常重视大数据技术的发展，科技界、学术界、政府把它看成一座可能挖掘出巨大财富的"金矿""富矿"，均在寻找面向大数据的有效技术分析手段（如大数据分析、大数据集聚类分析、海云数据分析等）。

第四章 地质勘查信息处理与分析技术

随着信息技术的不断飞跃，以 GIS 技术为核心，结合三维建模与可视化技术和地质统计学理论建立三维矿床数字化模型，提高矿产勘查和开发的综合利用效率，为矿床分析与预测提供数字化及可视化的手段，实现高效一体化的矿产勘查和开发信息处理与成果编制流程已成为数字矿产勘查、数字矿山开发、资源接替找矿等领域研究的热点。本章主要对目前国内外应用比较成熟、对地质找矿定量分析起支撑作用的信息技术进行介绍，其中主要包括地质勘查信息集成管理、地质找矿信息处理与成果编制、三维地质建模与可视化技术等。

第一节 地质勘查信息集成管理

一、地质勘查信息化定义

我国的地质勘查信息化概念是 20 世纪 80 年代中期提出来的。自从国外提出"数字地球"以来，我国的地质勘查工作信息化工程便因被纳入"数字中国"和"数字国土"工程而加速进行，但至今没有明确的定义。

地质勘查信息化不是地质信息技术的简单应用，而是涉及更为深刻的领域。根据国内外地质工作领域信息技术的应用状况及其所带来的影响，地质勘查信息化是指，采用信息系统对传统的地质勘查工作主流程进行充分改造，实现全程计算机辅助化，数据在各道工序间流转顺畅、充分共享。这里面包含三项相互密切关联的内容。

①建立以主题式地质点源数据库（包括空间数据库和属性数据库）为基础的共用数据平台，力求避免系统内出现大量的数据冗余。

②利用信息系统技术对地质工作主流程进行充分改造，实现从野外数据采集到室内综合整理和编图，再从成果保存、管理、使用到资源评价、预测的全程计算机辅助化。

③进行"多S"的技术集成、网络集成、数据集成和应用集成，使各部分有机结合、相互衔接，数据在其中流转顺畅、充分共享，同时实现勘查数据的三维可视化。

这三项内容既是推进地质勘查工作信息化、建立和完善地质信息技术体系所必须进行的工作内容，也是衡量一个地质勘查单位勘查工作信息化程度的基本标志。前一项是后两项的基础。显然，在地质勘查工作的各个环节，应用计算机技术，仅仅是地质勘查工作信息化的开端，而非地质勘查工作信息化的完成。

二、地质勘查信息表现形式

地质勘查涉及地质勘探、基础地质、矿床地质、水文地质、工程地质、环境地质等多个领域的编录、测量、分析与成果数据，数据类型多、信息量大。数据的表现形式主要有以下几点。

①地质图件，如区域地质图、勘查剖面图等，其存储格式主要为MapGIS、CAD、JPG、TIFF等。

②表格资料，如钻孔岩心鉴定表、取样分析结果表等，其存储格式多为Excel文件，少数为文本格式。

③遥感影像和三维物探解译图像。

④文字，主要是文字报告，以文本和Word格式为主。

⑤数据库文件，如Access、DB2、FoxPro、Oracle、SQL-Server等。

这些多元异构的数据在编录方法、解译流程、存储手段上都存在较大的差异，必然会形成诸多的信息"孤岛"。因此，如何将这些综合信息进行有效的管理，形成标准化的空间地质数据库是地质工作信息化、成果编制自动化、综合分析定量化的基础。本书从国家相关行业规范出发，如国家地质行业标准煤、泥炭地质勘查规范等，结合地质勘查（探）实际应用，论述从区域地质到数据、二维图形到三维模型、原始资料搜集到最终成果集成的综合地质数据库建设思路和技术方案，为实现地质资料的标准化空间数据库提供模板。

地质勘探成果主要包括四种基本形式，分别为编录表格、地质图件、文档资料和地质资料目录。除纸质资料外，电子格式资料主要包括Word文档、Excel表格、其他格式的数据资料及遥感影像、图片、视频、PPT幻灯片等一系列的多媒体信息。

①编录表格数据。包括表格实体及特征描述信息，实体信息主要以二维数据表的形式（如取样分析结果等）对地质编录信息进行存储，特征信息主

要对表格数据的特征信息，如名称、日期等进行描述，表格的特征信息是实体信息的元数据。

②地质图件数据。包括图件实体及特征描述信息。图件实体主要包括综合地质图、剖面地质图、中段地质图等地质图件，以电子存储格式来分，主要包括各类扫描光栅文件、AutoCAD、MapGIS 格式文件。图件特征描述包括名称、日期、比例尺等描述条目，为图件实体的元数据。

③文档资料。包括文档实体及特征描述。内容上主要包括勘探报告、研究报告等，存储格式主要是 Word、PDF、PPT 等电子文档，Excel 电子表格，多媒体资料，专业软件包等形式。文档数据特征描述包括对名称、日期等进行描述的条目，为文档实体的元数据。

④地质资料目录。其主要包括抽象成目录条目的资料分类体系。

三、共用地质数据平台

实现地质工作信息化的关键环节，是建立以主题式点源数据库为基础的共用数据平台。主题式点源数据库可将实现地质矿产勘查全过程数据资料采集、处理计算机化，与实现地质数据资料管理、检索计算机化、网络化结合起来，为使国家资源信息系统具有支持政府决策和进行地质研究的双重功能提供必要保证。

（一）建立共用地质数据平台的必要性

地质勘查工作每日每时都在获取资料和数据。随着大批已发现的资源转入勘探和开采，要求在难度较大的深部或新区取得新的进展，同时，新一轮的基础地质、工程地质、环境地质、灾害地质和农业地质的开展也使地质资料和数据的数量急剧增加。由于地质勘查的数据资料具有反复使用、长期使用的价值，因而具有长期保存的必要性；同时又由于获取时的代价昂贵和对于不同勘查对象、不同勘查目的和不同勘查阶段的通用性，因而具有共享的必要性。这两种必要性的存在使得地质勘查资料和数据成为国家的宝贵财富，其数据库的建设通常被放在优先地位。欧美各国都建立了大量的地质数据库，并且实现了联机检索或商业化服务。我国从 20 世纪 80 年代中后期开始，在许多工业部门建立了大量不同类型的数据库。近期，又提出了实现地质调查信息化，提高地质工作的技术含量，建立国家地学数据库和开放式的社会服务体系的总目标。中国地质调查局也确定了以主流程信息化建设为核心，包括地学数据库建设、信息标准建设、网络建设等内容在内的地质调查信息化工作总体框架。经过几年的努力，又建立了上万个数据库，各种数据产品正在快速产生着。

我国地质行业信息系统建设所采用的数据环境多数是应用数据库。这类数据库的显著特点如下。①以功能处理为核心，以功能软件为基础，设计依据是某个地质勘查单位或研究单位和某个项目的当前需求——为了存储或编制某些专用图件、解决某些专门问题、实现某些功能处理、分析某些地质规律或编写某些勘查设计与报告。②各单位、各项目分散开发，缺乏统一的概念模型、数据模型、数据标准、数据代码、软件平台。

这些应用数据库的优点是易于设计、易于掌握、易于应用；缺点是所存储的信息既不完整又有冗余，许多数据资料被重复存储、重复加工，因缺乏共享性而无法实现交叉访问，很容易成为信息"孤岛"，不能支持未来的再开发、再提高。换言之，目前国内应用数据库难以满足迅速增长的信息处理要求，更难以被纳入国家地质信息系统网络中去。

解决的途径是：采用主题数据库的设计思路与方法，不是以功能处理为核心，而是以数据管理为核心；统一概念模型和数据模型，实行术语、代码标准化；兼顾地质行业的当前与未来需求，通过系统分析和模型设计来形成与各种业务主题相关联的数据库，建立以主题式点源数据库为核心的共用数据平台。

（二）地质信息数据管理

为便于数据的管理、应用与共享，地质信息一般采用数据库进行管理。一般来说，地质信息数据库建设主要包括数据源调查、分类及整理，数据库标准代码的确定，数据分类及编码，数据字典的建立，数据表的建立，数据录入方式及界面设计，数据传输（接口）设计，数据查询设计，数据计算功能设计，数据统计功能设计，数据的多主题输出，用户管理，数据及系统安全设计，数据库监控和数据库维护等步骤。

数据库系统是计算机科学的一个重要分支，在数据管理、查询检索等方面发挥着不可替代的重要作用，是各行各业信息化建设的重要基础，是信息系统建设中"数据中心"的载体。随着信息技术的发展，数据库的概念和应用范围也在不断地变化与扩展。

数据库系统一般由硬件支持系统、软件支持系统、数据集或数据库及数据库使用人员4个部分组成。

①硬件支持系统。硬件支持系统一般由服务器、计算机、存储设备和网络设备等组成，分别对应数据管理与调度、数据输入或数据采集、数据存储及通信或数据交换等工作。一般小型或微型的数据库系统，其硬件只需要一

台计算机和一个活动硬盘，其中计算机为软件及存储提供物质基础，活动硬盘或大容量U盘进行系统与数据备份。

②软件支持系统。软件支持系统一般由操作系统和数据库管理软件组成，其中操作系统使硬件系统得以使用，数据库管理软件则对数据的输出、输入及应用进行调度、管理、使用、维护及安全防护等，如数据入库、数据查询检索、数据统计计算、数据检查、数据完整性与准确性维护、数据存储及应用安全防护等。

③数据集或数据库。数据集或数据库是数据库系统的管理对象，通常由各类数据组成，包括属性数据和空间数据，随着数据库技术的发展，三维模型、录像等大数据也被包括进来。这些数据一般采用某种工程地质信息处理技术与方法进行既有序又有逻辑关联的存储，要求遵循一定的存储标准，即要求尽量不重复，尽量具有独立性和可扩展性；要求与各类应用程序分离以使其能够为多种应用服务和更方便地实现数据的共享；要求对数据的操作具有通用性和可控性。数据集或数据库是数据库系统的核心。

④数据库使用人员。数据库使用人员包括数据库系统研制人员、管理及维护人员和数据使用人员等，分别对应数据库系统的建立和改进、数据集的维护与管理和数据集的多层次使用。数据库系统是否具有生命力，既与数据库系统设计和开发人员密切相关，也与数据库管理和维护人员密切相关。而数据库使用人员的满意度则是数据库系统是否具有生命力的主要标志。

数据库系统一般具有共享性、结构化、独立性、可控冗余度及统一控制等特点。

①共享性。一是数据存储的"粒度"较小，可以被多种应用只调用密切相关的必要的"粒度"级数据。以钻孔数据为例，由于在数据库中钻孔数据被分解为钻孔概况、分层岩性、钻孔取样、钻孔试验等"小粒度"数据存储，使得样品分析人员可以直接调用钻孔数据中的钻孔取样数据，平面图绘制人员可以直接调用钻孔坐标数据，三维建模中建立三维地层的人员可以直接调用钻孔分层数据等，从而实现数据在不同应用层面的共享，这是与文件管理方式最显著的区别。二是由于数据的存储结构和数据交换接口遵循了共有的标准，遵循同一个标准化体系的多类软件系统及多层次使用人员之间的数据与信息得以通畅地双向交换或交流，从而达到数据多人、多地、多应用层次的共享。共享性是数据库系统的主要优势所在。

②结构化。数据集或数据库中的数据，在存储自身的同时，也存储该数据与其他数据之间的各类关联关系，如逻辑关系、几何拓扑关系等，在使数据有序的同时，也使数据集成为一个遵循某种构成规则的结构化的整体。

这种构成规则或存储模型的复杂程度与需要存储的数据集之间的关系密切相关。数据集中结构化数据的比例越大，数据之间的逻辑关联就越密切，反之，其中无序、混乱或没有发现关联关系的数据就越少，数据可有效利用的比例或共享的程度就会越大。

③独立性。数据与各类应用程序相互独立，数据的改变与应用程序的改变不会相互交叉影响。这个特点可以使数据维护不受应用程序改变的影响，从而数据维护更方便；同时也使程序的编写、维护、升级不受数据的约束，提高了应用程序编写与维护的效率。

④可控冗余度。数据库中的数据要尽量减少重复，以节省存储空间，提高数据的一致性程度，但有时冗余的存在，对数据库更有利，如结构化中的继承冗余，可以使数据更有序，调用更方便。又如因为数据不完整加入推断数据而生成的成果冗余，可以提高成果的调用速度（不需要再推断一次）等。这种冗余是可控制的，称为可控冗余度。可控冗余度的存在不能影响数据的共享性、结构化、独立性、完整性和一致性，且必须有利于数据集的管理与利用。

⑤统一控制。数据库是系统中各用户的共享资源，因而计算机的共享一般是并发的，即多个用户同时使用数据库。

因此，数据库管理系统必须提供以下 4 个方面的数据控制功能，以保证整个系统的正常运转。

①数据安全性控制。数据的安全性是指采取一定安全保密措施确保数据库中的数据不被非法用户存取而造成数据的泄密和破坏。

②数据完整性控制。数据的完整性是指数据的正确性、有效性与相容性。系统要提供必要的功能，保证数据库中的数据在输入修改过程中始终符合原来的定义和规定。

③并发控制。当多个用户并发进程同时存取、修改数据库中数据时，可能会发生互相干扰而得到错误结果，并使数据库的完整性遭到破坏，因此必须对多用户的并发操作加以控制和协调。

④数据恢复。当系统发生故障或对数据库数据的操作发生错误时，系统能进行应急处理，把数据库恢复到正常状态。

数据库的统一控制，尤其是完整性与安全性控制，一般通过建立触发器来进行，包括对数据库登录、数据库中数据表和数据表中数据的变化等进行判断并处理，如登录身份验证，特定数据或数据表不允许删除或修改等。一旦发生类似操作或事件，则会激发对应的触发器，如激发被删除或修改的数据自动恢复或还原等触发操作。同时会把这次事件的对应登录人、事件发生过程或对数据库的修改过程记录下来以备查看和分析。

数据库系统的数据模型包括层次模型、网状模型、关系模型、面向对象模型、半结构化模型等。采用关系模型数据结构建立的数据库被称为关系数据库，其对应的数据库系统被称为关系数据库系统。

关系数据库采用二元关系，即采用二维表格或关系数据表来管理各类数据，对数据的管理和操纵基本通过对数据表中数据及数据表间数据的分解、合并、分类、筛选、连接等运算来实现，是目前技术比较成熟、应用广泛的数据库系统。

四、地质勘查数据的数字化采集

地质勘查数据的数字化采集，是地质工作信息化的瓶颈问题。地质勘查数据的主要来源有地球物理勘探与遥感、地球化学勘探、野外地质勘测、室内岩矿分析测试和图形编绘。由于地质勘查数据具有多源、多量、多类、多维和多主题的特征，其采集和输入方式不可能统一，需要具体问题具体解决。

地球物理勘探与遥感数据基本上都是用仪器进行测量和记录的，大致可分为人工读数记录、模拟自动记录和数字自动记录三种方式。目前，地球物理勘探几乎全部实现了数字化自动记录，并且直接采用微机控制和接收。各种航空、航天遥感数据则一开始就是采用数字化自动记录的。

野外地质勘测数据的数字化采集程度较低，野外数据采集系统与室内数据管理与处理系统的集成度也比较低，数据采集内容的标准化、代码化和数据模式的通用性问题有待进一步解决。野外地质勘测数据的采集包括区域地质调查和矿产、水文、工程等地质勘查中所涉及的露头、坑探、槽探和钻探的肉眼观测编录数据。国外在 20 世纪 90 年代广泛使用掌上机采集数据。掌上机具有体积小、质量轻、电池使用寿命长、携带方便的特点，可以使用基于 Windows CE 开发的专用软件来采集野外属性数据，还能够接受 GPS 导航仪提供的空间数据。其缺点是功能低、容量小，目前还不能完整地装载数据库系统和地理信息系统，难以直接采用"多 S"结合与集成技术进行野外数据采集。

近年来，功能强劲的便携机发展迅速，基于便携机的野外数据采集系统已经面世，并且正在逐步取代掌上机而成为野外数据采集的主要工具。这种基于便携机的野外数据采集系统，能够在野外直接使用"多 S"结合与集成技术进行数据采集和图件修编，其进一步发展将彻底改变野外数据采集的落后面貌，实现野外无纸填图、立体填图和室内一次性成图。今后，一旦掌上机功能达到便携机的水平，在现今便携机上开发的软件就可以直接在其中运行了。在工作条件较差的山区，目前的有效做法是将掌上机与便携机结合起来，即用掌上机进行野外数据采集，而用便携机进行综合整理。显然，采用"多S"结合与集成化装备来补充传统的铁锤、罗盘、放大镜，是地球信息科学与技术发展的必然趋势。

室内岩矿分析测试数据主要来自化学分析、同位素分析、岩矿鉴定和各种物理性质测试，其中多数实现了模拟自动记录或数字自动记录，少数仍停留在人工记录的水平上。具有自动记录的仪器设备，由于软件功能不同，人机的方便程度差别也很悬殊，有的已经实现全自动记录，甚至实现了测试过程的全程微机自动控制，有的则只是实现人机交互的半自动记录，或者只能进行简单的数据自动拾取。

地形地物的三角测量数据是地质勘查的空间定位数据。地质勘查所使用的地形图，通常是测绘部门提供的。但是，矿区、勘查区、工程施工区的大比例尺地形图，以及某些地质点、矿化点、采样点、探槽、探洞、钻孔和坑道的位置以及工程数据、图形，还是需要自己测量和绘制的。以往测量数据的获取，在地面上主要靠肉眼仪器观测、读数和手工记录，在空中主要靠感光摄影和人工选点、转点、量测像点相片坐标或模型坐标，目前由于GPS的引进，已经有可能实现全部测绘数据采集的自动化。GPS是美国国防部为了满足其军事部门对海、陆、空高精度导航、定位和定时的需要而建立的一种卫星定位与导航系统。用GPS同时测定三维坐标的方法，将测绘定位技术从陆地和近海扩展到整个海洋和外层空间，从静态扩展到动态，从事后处理扩展到实时（准实时）定位与导航，从而大大拓宽了其应用范围和在各行各业中的作用。利用机载自动测图系统，可以实现全自动的高精度空中三角测量；利用"3S"集成的全站仪，也可以自动获取高精度的位置和高程数据。但是，如果仅采用单纯手持GPS导航仪单机游走方式，则水平误差和垂直误差都在30 m左右，而且漂移方向带有随机性，只能满足小比例尺的资源调查工作需要。

上述各种勘查资料的综合整理，也是获取数据的重要渠道。综合整理包括原始资料的分类归并、分析套合、数据融合、数据转换、计算处理和图件编绘等。综合整理也有手工方式、人机交互方式和全自动方式之分。一般地说，除了图件之外，采用各种方式整理得到的数据，通常仍用同种方式记录保存或输入计算机内保存。图件是地质勘查与研究成果的主要载体，其数据形式较为特殊。采用机助编绘或计算机全自动编绘的图件，其数据可直接转存到图形库中，不存在采集和入库问题；凡采用手工编绘的图件，特别是以前的旧图件，数据输入计算机较为麻烦。能否准确、迅速而方便地采集旧有地质勘查图件及公用地理底图的图形数据，是实现旧地质图件计算机管理和新地质图件计算机辅助编绘的关键环节。目前，国内外均采用手扶跟踪矢量数字化方式或自动扫描栅格数字化方式，或自动扫描栅格数字化加屏幕矢量化方式，来实现这些图形数据的采集。就目前的技术情况而言，第一种方式效率太低。第二种方式仅适合于遥感影像图、照片和分版单色地图。第三种方式可用于处理其他复杂图件。例如，区域地质图和某些专项地质图，但输入后的处理工作很繁杂，需要提高其自动化程度。现有的自动矢量化软件只能处理非交叉的单一线型，需要进一步研究改进，采用导向式半自动矢量化方式。

第二节 地质找矿信息处理与成果编制

一、矿体的工程圈定

以勘查资料形成钻孔采样柱状图，在此基础上根据矿床工业指标，包括边界品位、最低可采厚度、夹石容许厚度等参数进行勘查工程中矿体的圈定和处理。在该项工作中应提供矿石品位级别的判别、厚度的判别和夹石厚度的判别。能够对传统的单工程圈定过程计算机化，同时也可以提供用户交互式修改圈定结果。圈定单工程矿体厚度一般按下列步骤进行。

①按边界品位的指标初步确定矿体的边界及矿体中的无矿夹石地段。

②按夹石剔除厚度的指标剔除夹石，或并入矿体中，采用单矿石质量指标（边界品位）直接转第⑤步，采用双矿石质量指标（工业品位、边界品位）继续第③步。

③按工业指标圈定"表内"矿与"表外"矿界线，并按照"穿鞋戴帽"的有关规定最后确定表内矿的矿体界线。

④单工程表内与表外矿的圈定。

⑤单工程夹石剔除厚度的圈定。

二、矿体剖面间的连接

从钻孔柱状图根据地质概念模型形成勘探剖面图，需要计算机完成的具体工作有：各种工程在剖面位置投影计算，剖面地层矿体的自动生成，剖面矿体的交互圈定，地层、构造的剖面连接等。利用 GIS 技术实现矿体剖面间连接的过程如下。

①矿体剖面间连接的固定。矿体剖面形态的圈定是在单工程矿体厚度圈

定的基础上,分别在资源储量估算剖面图或平面图上进行的。

两个相邻见矿工程其矿体经厚度圈定后均合乎工业要求,赋存部位互相对应,符合地质规律,则应在剖面上将这两个工程所见的矿体连接成同一矿体。在圈定时应注意:一是若用曲线圈定矿体,工程之间的矿体推绘厚度不应大于相邻被工程控制的实际厚度;二是如两见矿工程之间矿体被断层或岩脉所切割,则矿体只能据已掌握的地质规律分别推绘至断层或岩脉的边界上;三是对于形态复杂且具有不同产状的分支矿体或交叉矿体,应划分出分支,而且在剖面形态圈定时,应在图上注明分支矿体的资源储量估算分界线;四是若两相邻工程所圈矿体中无矿夹石的层位相同、部位对应、地质特征一致,则应相连成同一夹层。

②矿体边界点(线)的圈定。两相邻工程一个见矿、另一个不见矿时,用有限外推法确定边界点。

③见矿工程向外做无限推断时的边界点确定。见矿工程以外无工程控制,或未见矿工程到见矿工程之间距离远大于勘探时所要求的相应控制间距时,由见矿工程向外推断矿体的边界,称作无限推断。除特殊情况外,一般都做相应勘查工程间距的 1/2 尖灭。

三、传统方法估算资源储量

矿体的自然形态是复杂的,且深埋地下,各种地质因素对矿体形态的影响也是多种多样的,因此,我们在资源储量估算中只能近似地用规则的几何体来描述或代替真实的矿体,求出矿体的体积。由于计算体积的方法不同,以及划分计算单元方法的差异,因而形成了各种不同的资源储量估算方法。比较常用的方法有地质块段法和断面法(包括垂直断面法和水平断面法)等。

(一)地质块段法

它是在算术平均法的基础上加以改进的资源储量估算法,此方法原理是将一个矿体投影到一个平面上,根据矿石的不同工业类型、不同品级、不同资源储量类型等地质特征将一个矿体划分为若干个不同厚度的理想板块体,即块段,然后在每个块段中用算术平均法(品位用加权平均法)的原则求出每个块段的储量,最后各部分储量的总和即为整个矿体的储量。地质块段法应用简便,可按实际需要计算矿体不同部分的储量,通常用于勘查工程分布比较均匀、由单一钻探工程控制且钻孔偏离勘探线较远的矿床。

地质块段法按其投影方向的不同,又分为垂直纵投影地质块段法、水平投影地质块段法和倾斜投影地质块段法。垂直纵投影地质块段法适用于矿体倾角较陡的矿床，水平投影地质块段法适用于矿体倾角较平缓的矿床，倾斜投影地质块段法因为计算较为烦琐，所以一般不常应用。

(二) 断面法

断面法又称剖面法，是矿床勘探中应用最广的一种资源储量估算法。它利用勘探剖面把矿体分为不同块段。除矿体两端的边缘部分外，每一块段两侧各有一个勘探剖面控制。按矿产质量、开采条件、研究程度等，还可将其划分为若干个小块段，根据块段两侧勘探剖面内的工程资料、块段截面积及剖面间的垂直距离即可分别计算块段的体积和矿产储量，各块段储量的总和即为矿体或矿床的全部储量。

断面法的特点是借助勘探剖面表现矿体不同部分的产状、形态、构造、不同质量，以及科学研究程度和矿产储量的分布情况。按勘探剖面的空间方位和相互关系，断面法又分为水平断面法和垂直断面法。其中，垂直断面法又可分为两种：一种是按勘探线来划分块段边界的，这种最常用；另一种是以勘探线间的平分线来划分块段边界的，又称为线储量法。每一勘探剖面至相邻两剖面之间 1/2 距离的地段即为该剖面控制的地段，分别计算各块段的储量，然后累加即为矿体或矿床的储量。线储量法主要用于砂矿床的资源储量估算。

四、基于三维块体模型的资源储量估算

矿体的块体模型实际上是对矿体的块段划分，也称为晶胞建模，其目的是将若干个实体划分为大小相同的一组块段（晶胞），每个块段用一个长方体和该长方体内矿物的品位来表示，这些块段为块段法储量估计提供空间坐标。

块体模型生成之后，下一步是给块体模型中每个块赋值，系统应提供如下几种块体赋值（插值）算法。

①距离反比法。即指定的有效范围内的样品的权重与块质心的距离成反比。

②直接赋值法。通过直接输入属性值或导入属性文件的方式直接给块模型分配值。

③克立金资源储量估算。其包括变差函数计算和拟合、储量空间结构分析、普通克立金法、泛克立金法、指示克立金法和条件模拟等。

五、地质找矿成果的自动化编制

目前国内外常用的地质数据处理软件均提供成果编制功能，其内容主要

包括地质图件生成、编辑、输出，统计报表模板编制、报表生成和输出等功能。

①图件生成。根据勘查工程数据和资源储量估算结果，自动或辅助生成的各种资源储量估算图件包括：矿区勘查工程平面图、矿区采样平面位置图、勘探线剖面图、矿区采样平面图、矿体工程平面图、矿体垂直纵投影图、矿体水平投影图、矿体等高线图、中段地质平面图、垂直纵剖面图和钻孔测井曲线图。

②图件编辑。用于将系统生成的图件通过一定的编辑制作功能（如按照要求加上边框，填充相应的颜色、晕线、图案或给图元添加属性等）制作成专业的资源储量估算图件。

③图件输出。用于将图件输出为 GIF、TIFF、JPEG 等影像格式或其他一些通用格式，进行光栅化处理或打印光栅化文件。

④报表模板编制。用于制作各类报表模板。

⑤报表生成。根据勘查工程数据、资源储量估算结果，套用指定的报表模板自动生成报表，包括钻孔单工程矿体编号及面积编号一览表（窄行）、平硐单工程矿体编号及面积编号一览表（宽行）、探槽单工程矿体编号及面积编号一览表（宽行）、剖面矿体面积及平均品位计算表（宽行）、矿体剖面面积计算明细表（宽行）、扣除面积计算明细表（宽行）、块段矿体平均品位计算表（宽行）、块段矿体体积平均品位矿石量及金属量计算表（宽行）、矿区矿体体积平均品位矿石量及金属量汇总表（宽行）、矿体编号总表（窄行）、块段编号及资源储量类型总表（窄行）、面积编号隶属块段编号对应表（窄行）、多方案工业指标参数表（窄行）、钻孔弯曲校正计算表（窄行）、矿体块段体积计算明细表（宽行）、单成分资源储量估算表、单成分储量汇总表、地质编录原始数据表。

⑥报表输出。

第三节　三维地质建模与可视化技术

可视化又叫视觉化（Visualization），就字面意义讲，可理解为将不可见的东西转变成人的视觉可见的东西。但这里所说的可视化被科学家赋予了一定的科学含义，成了"科学计算可视化"（Visualization in Scientific Computing）的简称。不仅指计算结果的可视化，还指计算过程的可视化。不仅包括科学计算可视化即数据可视化，还引申为对信息的可视化。

可视化思维是个人通过探索数据的内在关系来揭示新问题、形成新观点，进而产生新的综合、找到新的答案并加以确认；而可视化交流是向公众表达已经形成的结论和观点。可视化思维和可视化交流代表着信息处理的不同阶段，可视化的概念模型如图 4-1 所示。

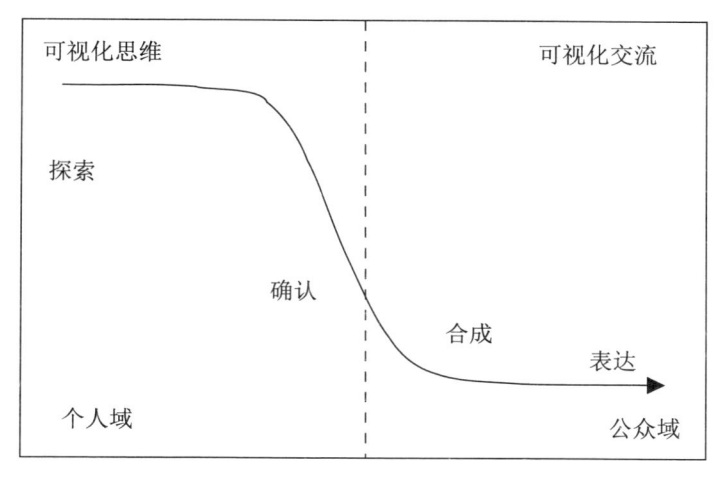

图 4-1 可视化的概念模型

虽然这两个阶段所面对的群体不同，处理方式不同，处理、输出对象和内容也不相同，但相互间存在着源和流的密切关系。对应于数据、信息和知识三个层次的可视化分别是数据可视化、信息可视化和知识可视化。最早出现的可视化概念是科学计算可视化，后发展为数据可视化，随着信息和知识的处理需求，出现了信息可视化和知识可视化研究方向。

自然界的地质特征与地质现象是在长期的地质历史过程中演变形成的，在空间与时间上有很强的规律性，同时也存在明显的差异性、复杂性、未知性与不确定性。在掌握丰富的地质事实与数据的基础上，地质学家常常用生动的语言描绘复杂的地质作用与地质过程，阐明各类地质现象的形成机理及其时空关系，利用地质填图与地质剖面等手段展示地层结构与地质构造，为解决资源勘查、水文地质、工程地质与环境地质等方面的有关问题提供依据。然而，由于地质问题的复杂性、未知性与不确定性，仅凭二维地质图件与文字描述难以全面反映地质对象的空间形态。为了了解未知的地质特征，地质工作者常常采用钻探、坑探、物探、化探、遥感等手段获取地质数据。受实际条件与勘探手段的限制，这些数据往往是离散的、不均匀的，而且数据的可靠程度也存在明显的差异。可以利用二维的地质填图与地质剖面对地质数据进行分析，并结合结构分析方法对地质对象的空间形态进行推测。但是，二维的地质图件难以直观、全面地反映地质信息，并且利用结构分析所得到的地质对象的空间分布形态也只能储存在地质工作者的脑海中，不便于被矿产开发、工程建设、地质环境保护等领域的工作人员有效利用。另外，由于受实际条件的限制,地质勘探的精度始终是有限的,地质问题存在很多未知性与不确定性,需要地质工作者利用有限的信息进行分析与推测。

为了直观、全面地展示地质特征与地质现象,推测未知与不确定的地质信息,相关学者结合数学地质以及几何学、拓扑学与计算机图形学等领域的相关理论、方法与技术,形成了三维地质建模方法,为地质工作者提供了以数字化与可视化手段刻画地质实际、快速有效管理地质数据的辅助分析工具。

一、三维地质建模与分析技术组成

三维地质建模与分析技术是实现地质数据可视化的基础,其中包括合理的基础三维数据结构、海量三维地质体数据的存储和快速调度技术、三维地质体的快速建模技术、三维数字地质体的局部快速动态更新技术、三维数字地质体的快速矢量剪切技术、三维数字地质体的多样化空间分析技术和三维数字地质体的快速动态建模技术,即"五个可视化"。三维地质建模与分析技术是目前地质数据可视化的关键技术和研究热点所在。

(一)合理的基础三维数据结构

合理而有效的三维数据结构是实现地质体、地质现象和地质过程的"五个可视化"的核心问题。目前在地质空间采用的三维数据结构模型一般分为几何模型、属性模型和拓扑关系模型。这三个模型分属三个不同的层次和方面:几何模型用于描述地质体的形态和空间展布;属性模型用于存储、管理地质实体的定性或定量的描述信息;拓扑关系模型则主要用于描述两个和两个以上地质实体之间的关系以及单个复杂地质实体内部的各个子实体之间的拓扑关系。属性模型和几何模型之间是可以相互转换的。当对属性模型进行可视化时,其实质就是属性模型向几何模型的转换;当对几何模型进行查询统计时,其实质就是几何模型向属性模型的转换。地质体本身是一个整体,其描述模型的划分只是人为的结果。这种划分在很大程度上限制了三维地质体模型的动态重构与局部快速更新。能否用一个统一的数据结构模型来表达和管理真实的三维地质体数据,是需要进一步解决的重大关键技术问题之一。近年来,国内许多研究者都曾经对地质体的三维数据结构模型做过一些深入的探讨。

(二)海量三维地质体数据的存储和快速调度技术

海量三维地质体数据的存储和快速调度是实现地质体、地质现象和地质过程的"五个可视化"的基础。为了实现分析、设计和决策可视化,地质信息系统必须能展现和管理非均质与非参数化的实体。单个地质体的几何数据量往往是地表普通建筑物的几何数据量的几十倍乃至几十万倍，外加相关的属性数据和拓扑关系数据。对于大范围的海量三维地质体数据，其数据量已远远超出现有常规 GIS 的三维空间数据管理和处理能力。多线程动态调度方法、自适应的三维空间数据多级缓存方法、基于可视化计算与调度任务关联信息的预调度机制以及多级三维空间索引技术的提出，或许能够推进海量三维地质体数据有效存储和管理问题的解决。

（三）三维地质体的快速建模技术

三维地质体的快速建模技术是三维地质信息系统大规模推广应用的前提条件。三维地质体的建模速度决定了三维地质信息系统的实用性能。最理想的情况是软件系统能够实现足够复杂地质体和地质过程的全自动建模，但迄今为止并未完全实现。为了提高三维地质信息系统的实用性，必须对三维地质体的快速建模方法进行研究，主要包括研究如何提供方便快捷的交互建模工具、研究限定条件下三维地质体模型的自动或半自动建模等关键技术问题。

（四）三维数字地质体的局部快速动态更新技术

三维数字地质体的局部快速动态更新技术是目前地质空间建模研究的热点与难点问题之一。地质空间建模按照技术层次分为五个阶段，即模型可视化阶段、模型度量阶段、模型分析阶段、模型更新阶段和时态建模阶段。前三个阶段属于静态建模，后两个阶段属于动态建模。三维静态建模方法与动态建模方法的本质区别在于建立的三维地质模型是否可以进行模型的快速更新与重构。地质体、地质现象和地质过程的勘探研究都是一个渐进的过程，这就要求三维地质体模型的建模也是一个增量建模的完善过程，能实现三维地质模型的局部快速动态更新。基于钻孔的连续地层序列匹配、基于非共面剖面拓扑推理和基于凸包剪切、限定散点集剖分的动态重构算法是该领域近期的新研究成果。三维静态建模方法对于研究区域地质背景有假定前提，还不能适应任意复杂的地质环境。显然，要妥善地解决这个问题，还需要进一步加强对三维数据结构及其相关三维实体重构方法等关键技术的研究和开发。

（五）三维数字地质体的快速矢量剪切技术

在建立了三维数字地质体模型的基础上，可进行各种挖刻和剪切分析，进而可统计开挖量或分析地质结构，为地质条件研究、地下工程建设、采矿生产安排提供分析、设计工具。根据所采用的空间数据模型，矢量剪切分析有体剪切技术、空间二分树技术、面剪切技术等，包括规则的空间线、面、体等之间的矢量剪切，也包括不规则的空间线、面、体等之间的矢量剪切。如复杂的地表面与工程实体之间的矢量剪切分析、复杂的地质体与工程实体之间的矢量剪切分析。对于具有三维复杂结构的大规模数字地质体矢量剪切分析，可采用三维空间索引、多级缓存技术和基于空间二分树（Binary Space Partition，BSP）的快速面片裁剪算法，对三维索引边界进行并行快速布尔运算判定，再通过后台裁剪运算快速重构裁剪后的三维空间实体关系，并提高其准确性、可靠性和效率。

（六）三维数字地质体的多样化空间分析技术

基于三维数字地质体的多样化空间分析功能，既是地质数据三维可视化软件区别于二维软件和计算机图形学的主要特征之一，也是评价一个三维地质矿产信息系统功能的主要指标之一。三维空间分析涉及大量空间数据的运算和复杂空间关系的判断，如何保证针对异构的三维数字地质体空间分析的准确性、效率和可靠性，适应地矿勘查工作的多主题要求，是地质信息技术的共性难点问题。目前，建立有效的、多样的空间分析方法模型，为地质矿产信息系统提供更多、更强大的功能，已成为当前地质信息科学领域研究和应用中十分重要的任务。通过分析三维地质矿产信息系统空间分析的基本内容，抽象出三维空间分析的原子分析算法，如三维相交检测、布尔运算、点集区域查询等，具有普适性、多样化的特征。它既包括通用的三维空间分析技术，如叠置分析、缓冲区分析、三维网络分析、三维查询与度量分析、三维表面分析、三维几何分析、统计分析等，又在此基础上针对地质矿产信息工作典型的领域开展诸如地质体剖面分析、刻槽挖洞分析、栅栏图分析、管线分析、流域分析、水淹分析、地下工程模拟开挖分析、矿产储量分析、构造体平衡分析、地层沉降正反演分析等。利用面向地质矿产信息的多样化的三维数字地质体多样化空间分析功能，可以分析地质体内部的特征和属性，为了解和掌握地质体的组成、结构、稳定性、活动规律和运动机制提供途径。

（七）三维数字地质体的快速动态建模技术

基于剖面资料建立的三维数字地质体模型不能动态重建的问题，长期以来一直困扰着该领域的专家学者。从20世纪90年代末期开始，人们已经能够通过单纯的剖分算法来实现空间实体或者规则空间实体模型的动态构模，但复杂地质体模型是通过大量的人工交互作业建立的，其中包含过多地质知识和人工智能推理过程，单纯的剖分算法难以实现其动态重建。

二、三维地质建模与可视化技术综合表达

将三维地质建模与可视化技术应用于矿产勘查工程数据测量与研究成果的综合表达，能够有效提高地质勘查信息的管理水平，极大地提高地质研究人员的工作效率、减轻工作强度。生成的地质模型能够为进一步的地质研究和分析提供依据，有利于矿产资源决策规划，减少矿产资源勘探风险。根据矿产勘查数据的来源，可以将矿产勘查地质对象分为自然地质体与人工工程两大类。自然地质体是指勘查区域内任何成因的天然岩石实体，包括沉积成因的岩层、侵入成因的岩浆岩体以及受力变形的构造等，人工工程指的是在矿产勘查中布置的勘查工程（如钻孔、探槽、平硐、浅井等）。

矿产勘查信息三维建模与可视化的过程，主要是要建立勘查阶段获得的地质体（矿体）及勘查工程的三维可视化模型。结合勘查成果编制业务流程与勘查工程的特点，可以将矿产勘查信息三维建模与可视化过程分为以下三部分：①勘查工程建模；②地质体（矿体）建模；③三维可视化分析。

勘查工程指的是地质勘查时各种探矿工程，主要包括钻孔、探槽、平硐、浅井四类。一般来说，勘查工程都是规则实体，形态较为规律，可以通过建模的方法进行处理。其建模方法主要有线框模型、不规则三角网模型、结构实体几何模型及似三棱柱体模型等。其中似三棱柱体模型不仅可以精确模拟勘查工程对象的表面，同时可以有效地表达内部结构特征，达到表面与内部统一。因此，iExploration-EM 基于似三棱柱体元模型对矿产勘查工程进行建模，并以钻孔为例，描述勘查工程的建模过程。钻孔建模的流程如下。

①根据钻孔测量点建立钻孔测量点空间坐标系，模拟出钻孔测量点曲线，钻孔测量点坐标计算公式如下：

$$\begin{cases} X_{i+1} = X_i + L_i \cdot \cos\beta \cdot \sin\alpha \\ Y_{i+1} = Y_i + L_i \cdot \cos\beta \cdot \cos\alpha \\ H_{i+1} = H_i + L_i \cdot \cos\beta \end{cases}$$

式中：X，Y，H 表示钻孔测量点坐标；i 表示钻孔测量点序号；α 表示方位角；β 表示天顶角。

②沿钻孔测量点曲线，按钻孔的岩性分层信息，建立钻孔的横截面，将各横截面进行拼接生成柱体，对柱体进行三棱柱体化，然后对每个钻孔分层赋岩性属性。

三、三维地质模型可视化分析

地质模型的可视化分析技术为地质模型的集成表达、信息查询提供了统一、直观的工作环境。在三维地质模型可视化分析中，最常用的需求有以下几种。

（一）三维交互定位查询属性

通过实现三维交互定位，可以实时获取数据场内某一点处的三维空间坐标和特征值，有以下两种方法可实现这一功能。

一是辅助面方法。切片方式采用辅助面方法进行空间点的定位，其基本思想为：二维屏幕上的一点与三维场景中的无数个点对应，无法确定其在三维空间中的深度信息，通过构造并添加适当的辅助面以后，图中相同位置的圆点就可以展示出该平面点的空间深度信息。这就为三维空间数据的属性值测量提供了有效途径。

二是辅助线方法。基于切片方式的属性值测量的优点是它符合地质工作者用一组二维切片来进行地质分析的习惯，并且速度快，能在一定程度上表现拾取点的深度值，但是无法将拾取到的点与周围环境形成对比。如果能够直接展现拾取点在体中的空间位置，无疑将大大提高地质工作者对三维数据的理解，因此可以直接在体中进行拾取。在体中直接进行拾取采用辅助线方式进行空间点的定位，其基本思想是：对于空间确定点，构造三条通过该点的辅助线，来表现空间点的深度信息。

（二）地质实体剖切分析

通过对任意剖面的设置获得地质实体的剖切面，应用于剖面图、中段图等一系列地质图件的生成，其技术实现的关键是三角网相交处理算法，包括装载切割表面三角网、选择保留的部分、确定相交三角形对、确定交点、构造交线、重新三角化相交的三角形等。

（三）勘探工程掘进模拟技术

虚拟勘探工程，是在地质建模过程中，根据实际需要在某些位置添加的假想的控制性勘探工程。这些勘探工程反映的信息不是由实际勘探工作获取的，而是由工程人员根据经验结合地质模型和其他勘查手段形成的推断成果。

勘探工程掘进模拟技术可根据给定的工程掘进和截面参数，生成工程几何模型，并通过工程几何模型与三维地质结构模型或矿体三维模型的相交处理，生成包含三维地质模型信息和矿体信息的工程模型，可基于三维模型显示模块实现工程的虚拟漫游等功能。

（四）三维模型集成技术

对于三维模型的可视化统一采用基于 TIN 的表面模型，便于将勘探工程如钻孔、坑探的三维实体、地表地形模型、地下三维地质结构模型、矿体三维模型进行动态的任意集成显示。

地质信息集成管理技术是对综合信息进行有效的管理，然后形成标准化的空间地质数据库；其中，空间地质数据库是地质找矿工作信息化、成果编制自动化、综合分析定量化的基础。地质数据处理与成果编制技术包括矿体圈定、矿体资源量估算等技术。三维地质建模与可视化技术是地质数据处理与成果编制技术的基础，包括勘探工程可视化、实体建模等关键技术。

第五章　现代成矿预测

区域成矿分析理论是远景区预测的理论基础。成矿规律（或称成矿学）的概念在 20 世纪末由法国学者提出，随着矿产勘查和矿业的兴起，逐步得到发展，现已成为科学找矿的理论基础，逐步与矿床学、大地构造学、地球化学等相结合，形成综合性经济地质学一个独立的分支，贯穿矿床勘查的始终，成为国际许多著名学者所关注的焦点。

第一节　成矿预测概述

我国是世界上最大的发展中国家，目前国民经济发展仍处在对矿产资源需求的高峰期，矿产资源能否有效供给仍是制约国民经济发展的因素之一。在新的形势下，对有限的不可再生的矿产资源需求有增无减，但找矿难度却在日益增大，矿产勘查和矿业开发面临严峻的挑战。成矿预测研究成为应对这种挑战的重要举措，它是实现科学找矿的基础，是避免和减少勘查风险、提高勘查效益的重要途径。成矿预测是在基本理论的指导下，根据一定的成矿地质理论、成矿地质环境、成矿条件、控矿因素和找矿标志对还没有而将来可能或应当发现的矿床做出推断、解释和评价，提出潜在的矿床发现的途径，从而发现矿床和对潜在的资源量进行评价。在预测过程中要进行系统的分析研究，做到实事求是、去粗取精、去伪存真，从感性认识提高到理性认识，正确做出进一步工作的决策。成矿预测是地质理论转化为勘查成果的桥梁。通过成矿预测的分析研究，建立潜在矿床与各类地质成果数据之间的关系，将地质各相关学科的成果运用于找矿勘查实践，转化为发现潜在矿床的信息和依据。

随着矿产资源找寻难度的不断增加与现代科学理论和方法技术的发展与渗透，成矿预测和矿产资源评价理论、方法、技术也得到了长足的发展。矿产资源评价已由传统的定性评价发展为定量评价；由简单相似类比发展为以复杂地学综合数据的挖掘和融合为主的地学综合信息的利用；由对单一矿种的评价转向对多矿种的综合评价。

矿床具有经济上的紧缺性和地质上的稀有性、特异性，人们对地球表面地壳三维地质结构的认识有限，因此找寻未发现的矿床就成了一项非常复杂和充满风险性的工作。由于找矿勘探的需要，成矿预测于20世纪四五十年代得到蓬勃发展，苏联地质学家为该学科的发展做了许多开创性的工作。至70年代末，国际上实施了"矿产资源评价中计算机应用标准"，推出6种标准的矿产资源定量评价方法，即区域价值估计法、体积估计法、丰度估计法、矿床模型法、德尔菲法和综合方法（国际地质科学联合会，1975年）。GIS的发展彻底解决了地学信息技术应用的障碍，在地球科学各个研究和应用领域得到了前所未有的广泛应用。现代矿产勘查工作产生的地质、地球化学、地球物理、遥感等海量专题信息，得以通过计算机定量分析技术进行综合，达到对未知区定位、定量评价的目的。20世纪90年代美国提出了第二代矿产资源评价的信息化内容，包括矿产资源的空间数据库、评价方法的计算机化、信息共享的网络化。矿产资源评价在此期间有两大突破：一是将全球板块构造运动的理论与成矿学结合，总结了世界上重要的矿床成矿模式；二是广泛应用GIS等计算机信息处理技术进行评价。美国学者提出的"三步式"矿产资源评价方法已成为较完善的矿产资源评价体系。我国在成矿预测方面取得的突破性进展有："地质异常致矿理论"和"三联式""5P"地质异常定量评价方法；从地质、物探、化探、遥感、矿产资料信息综合出发，强调矿产定量预测与其他预测相结合，提出具有独创性的综合信息矿产资源评价方法；从玢岩铁矿成矿模式建立到以成矿系列理论为指导，结合我国的实际，将成矿预测研究提高到一个新的理论高度；矿床在混沌边缘分形生长，将分形理论应用于矿床预测、非线性矿产资源定量评价；近几年兴起的集计算机科学、数学、神经学等学科为一体的综合交叉学科——人工神经网络在成矿预测中的应用也取得了一定成果。

第二节 成矿预测的方法

一、方法分类

成矿预测发展的初期阶段，主要是依据经验观测属性进行定性预测以及应用数学方法进行统计预测的。随着数据收集技术（物探、化探、遥感等）和数据处理技术（计算机技术）的迅速发展以及成矿理论的显著进展，单一信息的成矿预测方法已演变为多种信息的综合预测方法；单纯的定性或定量方法已转化为定性与定量相结合的方法；由经验式的类比预测，发展到模式类比、多元统计方法预测和人工智能预测；定位预测方法趋于成熟，成矿预测方法更加科学和完善。由于成矿预测方法多种多样，许多学者都试图建立一个合理的分类方案，如表 5-1 所示，尽可能地把现有各种方法纳入成矿预测方法学体系中。在这些众多的分类方案中，目前还未能达成一种统一的方案。

表 5-1　成矿预测方法分类

序号	姓名	方法分类
1	秋也夫（苏联）	①启发式预测（专家预测）法；②数学模型预测法
2	沙利文（美国）克雷康贝（美国）	①定性预测法；②时间系列预测法；③因果模型预测法
3	道勃罗夫（苏联）	预测方法分 3 类 8 组 19 种，3 类是：①专家评估法；②趋势外推法；③模型法
4	琼斯（美国）特维斯（美国）	①定性预测法；②定量预测法；③时间预测法；④概率预测法
5	哈里斯（美国）	①多元统计预测法；②主观评价法
6	赵鹏大（1983 年）	①矿产资源潜力评价方法；②成矿远景区定量预测方法；③地质标志预测方法和含矿性评价方法
7	朱裕生（1984 年）	①非地质标志评价方法；②主观评价方法；③简单地质标志评价方法；④成矿地质标志评价方法；⑤定性地质标志评价方法；⑥成因地质模型评价方法
8	王世称（1986 年）	共分 15 种，即按预测目的分 5 类，每类又按离散型、连续型和混合型分为三种，这样共有 15 种方法

由此可见，国内外成矿预测方法，经历了一个由简单到复杂、由粗略到精细、由抽象到具体的演变过程，这种演变主要表现在用于成矿预测的观察手段不断得到改进，同时在成矿预测中，人们的思维方式也逐步有所改变，从而促使成矿预测方法开始出现了某些新的变革。近几年来，由于提出隐、盲矿床和难识别矿床的勘查任务，与深部预测和立体预测相应的预测方法也得到发展，有的研究者已开始注意将理论预测（模式预测）、综合方法预测、立体预测和定量化的预测有机地结合起来，使成矿预测方法更加科学、完善。

然而，纵观我国整个成矿预测工作的现状，还不尽如人意，在已进行的成矿预测中，突出的问题是：小比例尺预测开展较多，中、大比例尺预测开展较少；教学、科研单位的探索性研究较多，生产实践中应用甚少；地质资料使用较多，遥感、物化探资料使用较少；经验类比法使用较多，建模等工作开展甚少。同时，对预测圈定的找矿靶区也未及时予以验证，难以对预测结果的可靠性进行评价。

二、经验类比预测

经验类比法，又称为近似法，是我国矿产勘查人员长期沿用的预测方法之一。此方法的理论基础是相似类比原理。该原理认为，在相似地质环境下应有相似的矿床产出，在相同的地质范围内应有等同或相近的资源量。从这种观点出发，预测工作中将预测对象同已经研究了的对象进行类比分析，并根据其相似性程度，即可对矿床存在与否及其规模等做出某种预测。经验类比法虽然是一种直观类比方法，但它却是几种常用方法的基础。如地质地球物理法和地质地球化学法，都是以经验类比为基础的，与经验类比法的区别仅在于后者更加重视对地球物理、地球化学资料深入、有效的处理，同时它们要求在建立相应预测（找矿）模型的基础上，再进行类比预测；又如，在综合技术方法中，地质概念模型的建立、控矿信息的提取、定量预测变量的选定以及各变量权值的确定等，都必须以定性类比结果为依据。因此，定性类比方法，不仅在目前的成矿预测中仍占有重要地位，而且在将来也要作为一种重要方法使用。

（一）类比预测标志的建立

在经验类比预测中，类比预测标志的建立是一个必须首先解决的主要问题。所谓类比预测标志，就是用以进行经验类比的基本准则，它是对已知矿床建立的。在早期的经验类比预测中，对类比预测标志的建立比较粗糙，它实际上就是预测人员对某类已知矿床反复观察后，在头脑中所形成的有关该类矿床基本地质特征的概念性认识。由于它带有较大的主观随意性，预测效果也欠佳。目前，在经验类比预测中，对类比预测标志的建立已有很大的改进，预测人员往往是根据若干个相同类型的已知矿床的成矿地质条件（含时间、空间、物质组分等）、控矿地质因素（如地层、岩性或岩相、构造、侵入体或火山控矿因素、变质控矿因素等），以及各种找矿标志（甚至包括遥感、物探、化探标志）的深入类比分析，既研究其个性，又总结其共性，再经去粗取精，去伪存真，最后归纳出该类矿床的类比预测标志，甚至有的预测人员是在先建立找矿模型的基础上确定预测标志。这就使得经验类比法逐步突破传统的狭义经验类比，而具有了新的生命力。它与模式类比法和综合类比法的区别正在逐渐缩小。这样建立起来的类比预测标志，在成矿预测中所发挥的作用将不同以往。

（二）相似类比预测

在成矿预测中，相似类比预测是成矿预测的主体，其他工作诸如收集资料、提取信息、分析成矿规律、建立预测标志等，最终都是为了有效地进行相似类比预测。所谓成矿预测方法，也主要是指用于相似类比预测的方法。对中、大比例尺成矿预测来说，相似类比预测的重点是要解决好两个方面的问题：一是如何合理地圈定成矿预测区，指出找矿有利地段；二是对未知矿床的规模进行某种程度的估计，最后综合上述两方面的预测结果，对预测区的类别做出合理划分。

1. 圈定成矿预测区，指出找矿有利地段

在中、大比例尺成矿预测中，要求在数百乃至上千平方千米的范围内正确圈定成矿预测区，指出找矿有利地段，是一件十分困难的事情。显然，类比预测标志的建立，为未知区同已知区的类比奠定了基础。在类比单元如何划分、众多类比标志中应以哪种标志作为最主要的类比依据方面，长期研究表明，对已知矿床来说，矿床（体）存在的最重要的标志是，矿床、矿点出露，与之有成因关系的围岩蚀变的存在和目的矿产成矿元素地球化学异常的出现，以及它们的分布范围可大体反映出隐伏矿床（体）存在的部位。故而根据已知矿床、矿点、矿化点、围岩蚀变和成矿元素地球化学异常的范围，即可对成矿预测区大体进行圈定。根据围岩蚀变的类型、地球化学异常的组合特征，以及重砂矿物的标型特征及其组合，还可帮助对预测矿床类型的确定。此外，为了对各预测区边界合理地进行划分，还应对成矿有利地层（岩性）、构造和侵入体的分布特征以及遥感影像与地球物理场的特征进行全面分析，力求使预测区的划分更为合理。

2. 对未知矿床的规模进行预测

中、大比例尺成矿预测，一般要求预测出 G 级（当区内未含有已勘探矿床时）或 F 级（在具有已勘探矿床的矿田中预测新矿床时）资源量。所谓 G 级资源量，应大体指出资源量空间的分布范围、数量配置、矿石特征及质量情况等，其结果一般系用来作为部署 1：5 万地质、矿产调查或物化探工作的依据；而 F 级资源量，应大致推测出新矿床的可能个数、空间分布、矿体的可能形态、规模与位置等。对矿石特征及质量情况也应做出估计，其结果可作为部署普查评价工作的重要依据。应当指出的是，在中、大比例尺成矿预测中，对未知矿床规模所进行的预测，显然是种估计，这有别于矿产资源总量预测。但总量预测中的某些方法，在此处也可作为借鉴。对经验类比预

测来说，预测新区矿床的储量，主要还是采用地质类比法，即通过对区内已进行勘探的同类已知矿区的统计研究确定出含矿系数和矿化密度等，对预测地区也应进行相应统计，然后将二者进行对比，大致确定预测储量。

3. 正确确定各成矿预测区的类别

在合理划分成矿预测区及对各预测区资源量进行估计的基础上，应对各预测区的类别进行确定，按照《固体矿产成矿预测基本要求（试行）》的有关规定，对成矿预测区的分类，应综合考虑成矿条件的有利程度，预测依据是否充分，资源潜力的大小，以及矿体埋藏深度等因素，并通过优选来进行分类，具体类别可分为 A、B、C 三类，各类的划分标准如下。

A 类：成矿条件十分有利，预测依据充分，资源潜力大或较大，矿体埋深应在可采深度以内，可优先安排地质找矿工作的地区。

B 类：成矿条件有利，有预测依据，有一定资源潜力，可考虑安排工作的地区。

C 类：具有成矿条件，有可能发现资源，可考虑探索的地区；在现有矿区外围和深部有预测依据，但资源潜力较小的地区。

最后，对成矿预测区的划分结果及其级别均应表示于成矿预测图上。

三、基于 GIS 的综合信息成矿预测

成矿系列综合信息预测方法是系统总结出的一套适合于区域成矿预测的技术。该方法以找矿模型为基础，以地质体和矿产资源体为单元，研究地质体对矿产资源体的控制作用。综合信息成矿预测是指应用能够反映矿床形成、分布规律和控矿因素的地质、地球物理、地球化学、遥感地质等一系列方法所获得的有关信息，对矿产资源体所做的预测工作。目前综合信息成矿预测利用符合成矿预测尺度要求的地质、矿床、地球物理、地球化学、遥感等资料，综合考虑其他成矿有利因素，结合 GIS 工具进行成矿预测。应用"三场"即物理场、能量场、空间场综合预测方法对马超营断裂带中段金进行成矿预测，指出了寻找金、银矿床的有利地区。

近年来，GIS 在地学各领域得到了广泛的应用，特别是在多元信息的定量综合方面，给优化决策分析提供了强大的信息支持。它可以有效地采集和管理海量的地学信息数据，其空间分析功能把传统手工叠加方法与数学、图像处理方法结合起来，依靠经验和知识将各种图形模式结合，实现了多源信息的融合，能快速对大量数据进行对比、分析，极大地提高了工作效率。20 世纪 80 年代末，加拿大的数学地质学家将证据权重法发展并开始应用于矿产

资源预测领域，最终形成了较为完善的基于 GIS 模拟的成矿预测方法。证据权重法有利于实现控矿信息的横向（同类控矿信息或同一图层，譬如地球物理信息中的重磁信息）和纵向（不同类控矿信息或不同图层，如重磁异常信息和地球化学异常信息）的有机关联和集成，最终应用于高度浓集的综合致矿信息圈定和评价找矿靶区。该方法在矿产资源预测中取得了丰硕的成果。而一种改进的证据权重法不仅能对区域矿产资源进行无偏概率预测，达到 $S=N$（S 表示预测可能存在的矿床数，N 表示研究区的矿床数），还能自动处理某些缺少数据的层，把含缺少数据的层的单元权重视为零。应用综合信息进行成矿预测，往往对研究程度较高或已收集到相关的地质、物探、化探、遥感等各类信息的地区，对于已知矿床深部、边部的预测有很好的效果。对云南普朗斑岩铜矿床的三维定位预测就是基于 GIS 的综合信息成矿预测的，确定了矿床的南西侧具有较好的找矿潜力，矿床的东侧和北侧深部是有利的成矿远景区。

综合信息成矿预测可以利用众多信息进行预测，避免了单一找矿方法的片面性。该方法侧重于定位预测，能提供优先勘探的靶区，以便于及时开展靶区查证工作，尤其在隐伏矿床或难识别矿产资源预测中有很大的优势。在进行综合信息成矿预测时，多元统计在数据处理中也发挥着重要作用。聚类分析可以综合利用多个变量对样本进行分类，直观简明；因子分析将存在复杂关系的较多变量依据某种内在联系生成几种新的变量，提取了原来众多变量的主要信息，便于地质研究。多元统计在成矿预测中实际应用效果较好，但它要求有足够的样品容量，要事先分析各种数据的统计分布特征，对地质变量要进行综合研究。还有不少学者从不同角度把流体成矿理论、构造成矿动力学、矿物标型特征等应用于成矿预测，也为矿区深部及外围远景评价提供了依据。

四、综合技术方法

所谓综合技术方法，是指综合应用地质、遥感、地球物理、地球化学等方法和建模、电子计算机图像处理技术等来进行成矿预测，所以它是集上述诸方法之大成的一种较为科学、系统的预测方法。成矿作用是一个极其复杂的地质过程。矿床的形成则是这一过程中多种地质因素长期相互作用的最终结果，因而对未知矿床的预测是一项综合性很强、难度很大的技术工作。长期的实践表明，单一方法预测效果往往不甚理想，所以提出采用综合技术方法进行预测。

（一）综合技术方法的一般工作程序

目前，成矿预测中的综合技术方法，已初步形成一个较为完整的科学预测方法系统。对中、大比例尺成矿预测来说，应在现代成矿学理论指导下，以区域成矿背景为基础，通过对区内典型矿床（体）的深入研究，首先建立起目的矿种的地质概念模型（可以是图、表或简练的文字），用以指导整个成矿预测工作；其次在具体实施过程中，要充分发挥多学科（主要为与成矿作用密切相关的某些学科，如地层学、岩石学、构造地质学、矿床学、矿物学等）、多方法（主要包括地质、遥感、地球物理、地球化学方法等）的优势，合理提取蕴含于各类地质资料中的有关成矿、控矿地质信息（含地表、地下和直接、间接的信息），并将其转化为地质语言，编制成多方法、多层次（地表、地下浅部、地下深部）、多种类型（如地层、岩性、岩体、构造等）的控矿信息图件；其次通过对这些图件与资料进行综合研究与深入分析，总结出区域成矿规律，建立起典型矿床的地质、遥感、地球物理、地球化学模型；最后，通过综合类比分析，以实现对预测区立体性的定量、综合类比预测。

中、大比例尺综合技术方法预测工作的一般程序大体包括：收集有关地质资料→建立地质概念模型→提取控矿信息→编制控矿信息系列图件→分析区域成矿规律→编制成矿规律图件→建立综合方法找矿模型→进行综合类比预测→编制成矿预测成果图件→提出普查工作建议等。上述各个步骤，将理论预测（模型预测）、综合预测、定量预测、立体预测几者有机地结合起来，构成了一个较为完整的科学成矿预测方法系统。

（二）综合技术方法的关键方法技术问题

1. 地质、遥感、地球物理、地球化学模型的建立

在综合技术方法预测中，建立地质、遥感、地球物理、地球化学模型，并总结该类矿床的综合找矿标志，是一项十分关键的方法技术，是进行综合类比预测的主要依据，因此，一定要下功夫把它建立好。建立地质、遥感、地球物理、地球化学模型的主要做法与建立地质-地球物理模型和地质-地球化学模型的做法基本一致，它实际上是上述两类模型的进一步综合，同时在建模中还应注意充分应用遥感解译成果提供的各种信息，使所建模型代表性更强。

2. 综合类比预测

所谓综合类比预测是指在区域成矿规律的综合分析和建立地质、遥感、地球物理、地球化学模型的基础上，首先对预测单元（即成矿预测区）进行

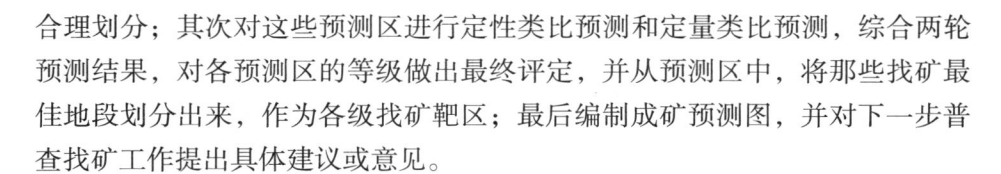

合理划分；其次对这些预测区进行定性类比预测和定量类比预测，综合两轮预测结果，对各预测区的等级做出最终评定，并从预测区中，将那些找矿最佳地段划分出来，作为各级找矿靶区；最后编制成矿预测图，并对下一步普查找矿工作提出具体建议或意见。

3. 综合信息预测变量的构置

其总的指导思想是，从地表控矿信息、地下控矿信息和直接找矿信息中，选择那些最能反映成矿远景的信息作为综合信息预测变量。所构置的变量分为以下两类。

（1）逻辑变量

其主要指那些与成矿地质作用关系密切的地质变量，采用二态、三态形式对其定量赋值。

（2）定量变量

构置时从那些可以数量化的控矿信息中，挑选与成矿紧密相关者作为定量变量。如各预测区所对应的地表控矿信息量、组合异常指数、面金属量平均值、围岩蚀变带的长度、预测区与主干断裂的距离等。

4. 定量预测方法

（1）逻辑信息法

该方法的实质是对逻辑变量进行逻辑运算和组合分析，比较各预测区的结构关系方面的相似性，从而进行分类评级。其中的"勃尔法"是以二项分布计算控制单元各预测变量的信息权，然后根据这些权值对各预测区的相应预测变量进行信息权组合分析，并定出不同等级预测区的信息权区间，使各预测区归属相应的等级。

（2）特征分析法

该方法的实质是用求解特征向量的方法提取各变量具有的综合特征，以其特征系数的大小来确定各变量在预测中的地位（可排出相对重要性次序）和筛选其中相对重要的变量，并用这些特征系数来计算各预测区的特征值，比较它们的大小，即可进行预测区分级。

（3）簇群分析法

其实质在于将各预测区看成多维空间中的一批点，借助数学方法分别计算出各点的距离。

（4）综合信息量法

从某一方面反映预测区的成矿条件，若累计起来，更能综合反映预测区的成矿总体水平。

五、找矿技术创新的方法

当前地质找矿工作所面临的形势与环境都产生了很大程度的变化，因此找矿工作也将会变得非常复杂，因此对找矿技术进行创新是非常有必要的。

1. 与现代化的技术体系相结合

找矿的技术有很多种，具体的也需要根据矿藏的综合条件以及所要达到的开采目标来综合性选择。目前，找矿的思路已经逐渐从地表浅处向地面深处过渡，找矿的困难性和复杂性也决定了找矿必须运用更多的科学技术和更加复杂的理论体系支持。首先，从岩石物理性质差异上来分析地表到地面深处的具体情况，然后结合成矿规律推测有无矿产资源存在。其次，使用现代化的机械设备，构建现代化的找矿体系，从而提高找矿的准确率以及精密性。最后，还应该建立现代化的信息系统，加强信息的收集、处理、分析能力，从而为各项决策提供坚实的基础。此外，加强所有相关工作人员的合作精神和合作意识，提高他们在找矿工作中的默契度和配合能力，这对于找矿工作也有着重要的作用。

2. 地场、物场、化场"三场"异常相互约束

地场、物场、化场"三场"异常相互约束技术方法的创新，需要我们对其实施的特点以及根本的原理进行详细的研究，然后对这项技术进行有区别性的选择或者是相互补充使用，以起到更加适用的目的。这种技术方法更加适合在老矿山的深部和覆盖区的定位预测中使用。虽然这种技术的实施有使地质勘查工作创新的趋向，但是依然存在着一些问题有待我们加强。

首先，磁、重、电法在圈定异常的情况下仍然占据着举足轻重的作用，对隐伏异常体边界和深度圈定的准确率仍然需要进一步提高。其次，各种非常规的深穿透地球化学勘查技术在隐伏元素异常应用中的效果比较好，但是在勘查埋藏深度方面还有待进一步加强。最后，利用当前比较先进的地质预测技术可以准确地圈定地质结构中的各种结构面，但是却无法准确发现矿产的位置。虽然这些与地质相关的技术在运用到找矿工作中都存在一定的缺陷，但是我们应该坚信技术的融合发展以及技术的不断创新会使地质找矿技术更加成熟。此外，现代社会人们生活水平的提高以及人们生活理念的不断上升，也使野外勘查工作以及矿产资源相关工作受到了一些不良影响。这也是促使新技术发展的一种动力，下面简要介绍这两种新技术。

（1）X荧光分析技术

X荧光分析技术获得矿产元素成分和品位的过程更加快速、灵巧、轻便，

这也奠定了其未来在地质找矿中的重要作用，与此同时，这种技术找矿的效果也是非常显著的。它实施的主要原理是某些物质在收到光线激发后，可以在较短的时间内发出比所激发光波更长的荧光，这被我们称为 X 特征射线，利用各种物质在这种射线上的差异性来勘查找矿就叫作荧光技术。

（2）甚低频电磁法

甚低频电磁法是面对当前矿产深、勘查难、地质条件复杂而被开发出来的一种技术。其实施的原理主要是对测量电磁频率的数据进行弗雷泽（Fraser）滤波处理，然后再根据找矿规律、控矿规律以及勘查矿体的赋存规律，准确地圈定测定区内异常地质和矿区的分布，以便获得矿区的准确部位，从而为深部找矿提供依据。

3. 在采集信息中使用 GPS 感应系统

GPS 通过卫星施行无线电导航定位，向我们提供精确的三维数据坐标。我们想要将这项技术运用到找矿工作中，就需要先构建一个由 GPS 体系以及信号监控、接受、转换、分析等体系相互组合而成的系统体系。其实施的原理主要是，岩石矿物有着比较稳定的物理结构以及化学成分，这也使得这些物质具有稳定的光谱吸收特征，通常情况下，不同的矿物质都有着其特有的辐射能力，因此我们可以采用波普仪对采样进行光谱曲线测量，再把测量得到的光谱与资源库的光谱进行对比，就可以判定地质中有哪些矿物质组合而成。

第三节　矿区局部预测

一、国内外矿区局部预测发展

矿区局部预测是沿用苏联的提法，随着勘查研究程度的提高，工作范围缩小，任务要求更具体、更集中在工业矿体的发现和突破上。要求找寻 P 级资源量（预测储量），相当于潜在矿床或单个矿体。苏联曾多次召开专门会议，研究矿区局部预测的理论和方法。

第二种提法是大比例尺矿区预测，矿产勘查是地质测量和调查的继续，通常分为大比例尺、中比例尺、小比例尺，不同比例与不同的勘查阶段相联系，一般将 1∶50 万～1∶20 万称为小比例尺预测，预测结果圈出 100～500 km² 范围的找矿远景区，工作重点集中在成矿背景的分析，划分出重要成矿带。而 1∶10 万～1∶5 万称为中比例尺预测，一般要求圈出 30～

50 km² 的远景区，重点是从矿带中圈出重要矿田的预测区。大比例尺预测一般是大于 1∶5 万，更多指的是 1∶2.5 万～1∶1 万比例尺的矿田内预测的矿床、矿体。

第三种提法是盲矿、隐伏矿的预测，凡是未直接出露地表的均属隐伏矿床，勘查评价有更大的难度。国内外将找矿工作划分为三个主要阶段：直接找矿阶段、综合技术找矿阶段和理论找矿阶段。直接找矿以找露头矿为主要勘查对象；自 20 世纪 60 年代以后，以应用物化探等综合技术方法为手段，勘查隐伏或半隐伏矿床；从 20 世纪 70 年代末开始以先进的地质理论为指导，建立成矿模式，以勘查盲矿为主要目标，称理论找矿阶段。

还有定量预测和专门性预测的提法，前者多指数学地质方法的引进和更高精度的预测，专门性预测一般指单矿种的预测。矿区预测提高了勘查深度，可以发现 500～600 m 及以下的盲矿体。国外近年来发现的 40 个大到特大型矿床中，80% 是理论指导下发现的。国内在长江中下游等地的有色金属矿床勘查，也取得了新的突破，据不完全统计，在内生金属矿床勘查中发现盲矿、隐伏矿的比重逐年增加：20 世纪 60 年代占 45%；70 年代占 65%；到 80 年代高达 80%。与国外的情况很类似，实践证明，在许多矿田内隐伏矿的数量远远超过露头矿的数量。在一个已知矿田中更有进一步找矿的潜力，从矿山生产的需要以及从矿山建成投产就要为延长矿山服务年限而不断探明矿山的后备储量。所以开展以勘查隐伏矿床为目标的预测工作意义重大。

我们引用矿区局部预测，无疑多属大比例尺的预测，预测的对象中盲矿、隐伏矿占有更大的比重，在已有工作基础上进一步缩小靶区，提高预测精度，尽可能做到对工业矿体出现的空间部位、矿化类型、矿体产状形态、矿石质量进行具体的预测。从国内外进行该项工作情况看，大体包括在预测最有远景区段内进一步验证评价实现找出工业矿体的突破，也包括对有远景矿点异常的评价，以及在已经生产的矿山，结合矿山地质工作，进行"探边摸底"增加储量的勘查评价工作。不难看出矿区的局部预测与大比例尺预测和盲矿预测紧密相连。

矿区局部预测（含大比例定量预测和盲矿预测）近年来得到飞速的发展。苏联从 1958 年开始就多次召开专门会议，研讨隐伏矿的预测理论和方法，发表了一系列专著和文集，如《隐伏矿床研究及普查勘探问题》《以热液矿床分带为基础的隐伏矿预测》《热液矿床详细预测图的编制》等，1986 年 10 月召开了"建造分析是有色稀有和贵金属矿床大比例尺预测和普查的基础"学术讨论会，继而 1987 年 5 月召开"提高矿床局部预测科学论证效果"全苏科技会议，对矿区局部预测的理论和方法进行了研讨，并在一些重要多金属矿区实践，找到一些隐伏矿床。

美国、加拿大、澳大利亚等矿业大国，近20年来已对隐伏矿预测和定量预测给予极大的关注，如国际地质协调计划中的98号专题，专门研究资源评价的数学地质方法和资源数据的计算机管理问题。1975年起美国地质调查局，开始重视发展隐伏矿床及低品位矿床预测评价技术。从1975年开始实施了《美国尚未发现的石油和天然气可回收资源的地质估价》《阿拉斯加矿产资源评价计划》《国家铀矿资源评价计划》《美国本土矿产资源评价计划》等，从而对美国本土矿产资源做出科学系统全面的预测评价，为制定美国的近期、长期资源政策提供了依据。1974年，加拿大对铀矿资源进行了估价，用应用数学地质相联系的方法进行资源量的预测；在隐伏矿预测中强调遥感物化探的新技术方法应用；建立矿床模式，进行矿区的局部预测。

国内对隐伏矿和大比例尺预测，与大规模的矿产勘查相联系，从20世纪60年代开始，先后在赣南粤北的钨矿建立"五层楼"分带模式进行盲矿预测以及后来用地质力学理论进行矿床局部预测。随着成矿远景区划工作的全面开展和不断深入，1979—1985年选择了一些典型矿区进行试点。1985年地质矿产部太原普查工作会议提出"我国东部大部分地区和西部交通条件较好的地区……今后主要面向深部进军，找寻隐伏、半隐伏和难以识别的矿床"。"七五"期间国家科学技术委员会（现重组为科学技术部）组织了《中国东部隐伏矿预测》科技攻关研究，取得了良好的效果。

矿区局部预测与区域远景区预测比较，有许多特点。矿区局部预测的目标更集中在矿田、矿床范围，最终目标是实现对工业矿体的预测，其理论基础是工业矿体局部富集的理论，主要的方法是工业矿体产状模型的建立与工程验证紧密结合。从已有的工作看，要实现矿区的局部预测，一定要突破几个技术关键：从定性预测实现定量预测；由二维预测实现三维空间的预测；成矿规律研究要实现工业矿体局部高集规律的研究。

二、矿区成矿预测的特点、依据

（一）特点

矿区成矿预测是大比例尺或小范围的矿产预测，通常是在含矿远景区内的局部地段进行的，所以又称为局部性成矿预测。一般是在几至几百平方千米范围内，开展1:5万或更大比例尺的地质研究和评价工作。

矿区成矿预测是在工作程度较高的地区，研究和总结该矿区的成矿规律，用以指导矿区内及外围的矿产预测，以便发现新的矿床或矿体。当然，不能忽视区域地质特征的研究，因为只有全面地掌握了区域地质背景，才能有效地完成矿区成矿预测。

矿区成矿预测是一项战术性的地质工作，要求为矿区及其外围探寻隐伏矿床或矿体提供科学依据，具体指导找矿勘探实践，有时需要具体指导施工。

矿区成矿预测是综合性和探索性很强的研究课题，既包括基础地质理论，又要应用新技术新方法，这样才能加深对地质体的认识，达到预测矿产的目的。当前，矿区成矿预测正处在不断探索的阶段，并逐渐走向系统化和理论化。

概括地说，矿区成矿预测具有"多、广、细、深"的特点。"多"指基础地质资料比较丰富，可以掌握和获取的信息多；"广"指需要综合考虑的因素广；"细"指研究课题具体、细致，难度较大，必须调用多种手段和方法，方能奏效；"深"指研究程度和预测的空间范围要求深。

（二）依据

科学的预测应当以科学理论为指导。成矿地质作用有它的共性，这种共性就是我们进行预测的依据。含矿地段成矿规律的研究则是进行矿产预测的理论基础。由于矿化作用还受一些局部特殊因素和大量随机因素的影响，在从事矿产预测时，只有将成矿地质作用的共性（一般的结论或理论）与研究地段的具体地质情况结合起来分析，才能得到符合或近似符合客观实际的认识。因此，矿区预测研究的主要内容应当侧重成矿作用的特殊性。

为了使矿产预测能够有效进行，必须综合分析与成矿有关的控矿因素，诸如构造、岩浆、岩相古地理、地层、岩石特征等，它们能够提供成矿的可能性；还必须把握能够说明矿产存在的地球物理、地球化学、矿物标型及其他矿化信息，以便预测矿产赋存的具体情况。

国内外许多矿区成矿预测的成功经验已经证明，矿床分布的方向性、等距性、对称性，矿床的分带性，岩体成矿专属性，地层岩石容矿的相对选择性，成矿物理化学条件的特殊性，成矿的叠加、继承性，岩体特征标志及物化异常等，都是矿区成矿预测的重要依据。

1. 控矿的构造因素

构造是控制矿产空间分布、排列组合形式、矿体形态产状的重要因素，并对矿床的改造叠加、破坏影响较大。对局部构造的深入分析，无疑是矿区成矿预测的首要课题。大量事实说明，不同性质的断裂构造、褶皱层间构造、侵入体与围岩的接触构造、火山构造等，都有明显的控矿和预测意义。我国地质工作者，在自己的实践中，应用地质力学理论总结出构造体系多级控矿、构造体系复合控矿、构造交汇部位控矿等理论和观点，预测油气田，煤田，铁、钨、钼、金刚石及其他有色稀有金属矿床，收到了显著效果。不少单位在矿区成矿预测中，运用地质力学理论和方法，取得了可喜的成绩。

2. 矿床的分带性

矿床的分带现象素为人们所关注。近些年来，通过大量工作，积累了不少实际材料，大多是涉及内生金属矿床，如锡、钨、钼、铅、锌、铜等。研究矿床和矿体的矿化分带性，是矿区成矿预测的可靠依据之一。矿床的水平分带对预测新的外围含矿地区是很有意义的。矿床的垂直分带对预测隐伏矿化尤为重要。

3. 岩浆活动因素

对岩体形态、产状的研究，往往是根据接触面的产状、原生流动构造产状、接触带的宽窄、岩相的分布情况和物探、钻探资料来推测的。如今对隐伏岩体的研究，已成为矿区成矿预测课题的重要内容。隐伏岩体呈岩脊状、岩株状的小突起部位，经常控制了矿化地段的分布，一个突起构成一个矿化中心。在突起顶部的断裂挠褶带以及突起的倾没端部（即岩浆流动前缘），常是脉状、细脉状、似层状、透镜状矿体赋存的良好空间。

接触热变质圈的存在是找隐伏接触带的直接标志。由于岩体形态的复杂性，常导致多层接触带的出现。某些老矿区掌握多层隐伏接触带控矿的规律后，储量成倍增长，岩体剥蚀深度的研究，对预测矿产也有重要作用。

4. 成矿的叠加、继承性

矿区往往是多种成矿作用叠加和成矿继承性活动的地质舞台。许多矿床是多成因的，它表现为矿质多来源以及多种成矿作用和多期多阶段成矿的叠加。成矿的继承性，是反映同种物质或金属元素在不同时代重新活动，辗转成矿，形成新的矿床类型的特点。

三、矿区局部预测的主要途径

西方以美国为代表的勘查学家卡拉玛祖铜-钼矿、亨德逊钼矿、新密苏里铅-锌矿的预测，主要强调成矿模型的建立，并出版了美国地质调查局考克斯等的《矿床模式》一书。苏联学者多年来崇尚建造分析的研究，出版了《内生成矿建造成因模式》一书，包括铜-镍、铁、铜-钼、锡-钨、银等矿床模式。在此之前分别召开了有关矿质来源内生成矿的物理-化学参数、内生成矿的自然作用基本参数、热液成矿作用地球化学等专门会议。强调局部预测要进一步提高预测精度，远景区的进一步缩小局部化建立矿床的几何化模式预测空间，要具体分出矿上部位、含矿部位和矿下部位，同时考虑不同的剥蚀深度等因素。有的人认为局部预测方法可以分为三大类：以查明物质分布的分带现象为基础的物质预测方法；以分析矿质聚集方式为基础的构造预测方法；利用成矿作用的地质空间特征的地质预测方法。

分析了国内外有关矿区局部预测理论和方法的论述，很难提出统一的理论和方法。局部预测易于陷入不同的矿床类型地质特征的描述，结合我们对内生金属矿床的多年矿区局部预测的实践，兼及其他内生金属矿床，尽可能从已有实践上升到理论高度，应在构造控矿规律、成矿动力学特征、矿化分带、工业矿体产状及空间分布等方面深入工业矿体局部富集规律研究，充分利用物化探，找矿矿物学等信息配合工程验证，力求在矿床局部预测中取得新的突破。预测的主要途径可归结为以下两个重要模型的建立。

（一）建立构造控矿模型

内生矿床尽管受多种因素的控制，但构造作为成矿流体的运移通道和储集场所，直接控制着多数内生矿床的空间分布和形态产状，构造仍是主导控制因素。矿田、矿床构造的深入研究、建立符合本矿区的构造控矿模式，是进行矿区局部预测的重要途径。

已有的矿田、矿床构造研究都指出了矿田、矿床以至矿体的有利构造部位；不同的矿床类型，控矿构造特征各异，如有的岩型矿床主要受复杂的接触带构造的控制，包括中酸性岩体的侵入作用的构造要素、近接触带围岩的变形构造要素，还要考虑岩浆侵入过程中的动力变质和接触交代形成的构造要素等。

1. 控矿构造类型和样式的识别

控矿构造在不同地区的控矿作用及其组合形式下是有明显差异的，有时是一种构造类型如褶皱或断层等起着主要的控制作用，但多数情况下是多种类型的构造联合控矿，并且其控矿的作用和形式在同一地质构造单元的一定范围内具有相对的稳定性和一致性，这样就构成了一定的控矿构造样式，很显然，控矿构造样式具有鲜明的区域性特点，即在不同的地区或构造单元具有不同的控矿构造样式。

2. 构造对成矿的多级系统控制

在成矿过程中由于控矿构造的级别规模及序次的不同形成了对成矿的多

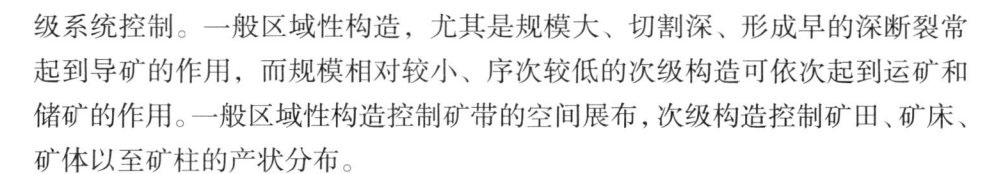

级系统控制。一般区域性构造，尤其是规模大、切割深、形成早的深断裂常起到导矿的作用，而规模相对较小、序次较低的次级构造可依次起到运矿和储矿的作用。一般区域性构造控制矿带的空间展布，次级构造控制矿田、矿床、矿体以至矿柱的产状分布。

3. 构造对矿化不均匀性局部富集的控制

矿化不均匀性局部富集是内生金属矿床的显著特征之一，体现在工业矿体、矿柱或富矿柱常产出于特定的构造部位，很显然是有利的构造部位，控制了矿化的局部富集，这些构造部位包括不整合产状或与断裂构造的交汇部、背斜构造的转折倾伏端或轴部、岩体接触带，特别是成矿期有断裂活动叠加的部位。

（二）建立矿化有序分布模型

在成矿过程中受物化条件、构造环境、矿液组分及元素、地球化学性质等多种因素的变化、差异的影响，矿化经常表现出有序分布。对此进行深入研究有助于揭示工业矿化的空间分布和被剥蚀深度，是进行大比例尺深部成矿预测的主要途径。20世纪60年代在我国赣南钨矿勘查中，建立了"五层楼"有序分布模型，在指导深部勘查预测中发挥了重要指导作用。

矿化有序分布模型是预测新的矿化类型及进行深部评价的重要依据，从其分布范围看，它有时是区域性的，也可以是局部性的，即矿区范围内的，其表现形式有时是矿石结构在空间上的有序分布，有时则体现在矿物共生组合方面。

围岩蚀变作为重要的找矿标志，历来受到矿床勘查者的重视，这主要是由于围岩蚀变类型及其组合、发育程度对矿化强度和规模有明显且直接的指示意义，尤其是围岩蚀变的有序分布可以为矿床的深部成矿预测及隐伏矿床的找寻提供可靠依据。

成矿流体在沿断裂构造带运移过程中伴随着充填、渗滤、扩散及水岩交换等复杂的地质作用。物化条件和流体性质的不断变化以及元素地球化学性质迁移形式和沉淀条件的差异等综合作用的结果，常导致成矿元素及相关元素在空间上的有序分布。应用勘查地球化学方法进行各种矿产分散晕的评价，指导隐伏矿床找寻及深部成矿预测已成为重要手段，并取得了显著的预测评价效果。对内生金属矿床重点研究其原生晕的特征。众所周知，原生晕的分带性以热液矿床最为发育和典型，而内生金属矿床多属热液矿床，这就为利用元素的有序分布规律指导其深部成矿预测提供了前提条件。

成矿物化参数的研究是认识成矿流体性质演化及矿质沉淀的重要途径和方法。同时对其进行系统测定并根据其空间变化规律或有序分布可以分析确定成矿流体运移的通道、矿化富集部位及矿体产状等，从而为深部成矿预测提供理论依据。

第六章　遥感技术及其在地质勘查中的应用

遥感技术是20世纪60年代迅速发展起来的一门综合性空间探测技术。它是建立在地球科学技术、空间科学技术、现代物理学技术（如光学技术、红外技术、微波技术、雷达技术、激光技术、全息技术等）、计算机科学技术和现代信息科学技术基础上的一种高新技术，已成为现代空间高新技术的重要组成部分和空间信息科学的基础，是现代社会从工业化时代发展到信息化社会的重要支撑技术，也将成为实现全球信息社会的重要的空间信息源。

第一节　遥感与遥感技术

遥感，即遥远的感知，有广义和狭义两种理解。从广义上说是指从遥远的地方探测、感知物体，也就是说，不与目标物接触，从远处用探测仪器接收来自目标物的电磁波信息，通过对信息的处理和分析研究，确定目标物的属性及目标物相互间的关系。通常把从不同高度的遥感平台，使用遥感传感器收集地物的电磁波信息，再将其传输到地面并加以处理，从而达到对地物的识别与监测的全过程，称为遥感技术。

狭义的遥感是指对地观测，即从空中和地面的不同工作平台上（如高塔、气球、飞机、火箭、人造地球卫星、宇宙飞船、航天飞机等）通过传感器，对地球表面地物的电磁波反射或发射信息进行探测，并经传输、处理和判读分析，对地球的资源与环境进行探测和监测的综合性技术。与广义遥感相比，狭义遥感强调对地物反射、发射和散射电磁波特性的记录、表达和应用。当前，遥感形成了一个从地面到空中乃至外层空间，从数据收集、信息处理到判读分析相应用的综合体系，能够对全球进行多层次、多视角、多领域的观测，成为获取地球资源与环境信息的重要手段。

通过大量的实践，人们发现地球上的每一物质由于其化学成分、物质结构、表面特征等固有性质的不同都会选择性反射、发射、吸收、透射及折射电磁波。例如，植物的叶子之所以能看出是绿色的，是因为叶子中的叶绿素对太阳光中的蓝色及红色波长光吸收，而对绿色波长光反射的缘故。物体这种对电磁波的响应所固有的波长特性称光谱特性。一切物体，由于其种类及环境条件不同，因而具有反射和辐射不同波长电磁波的特性。遥感就是根据这个原理来探测目标对象反射和发射的电磁波，获取目标的信息，通过信息解译处理完成远距离物体识别的技术。

一、遥感的分类

为了便于专业人员研究和应用遥感技术，人们从不同的角度对遥感进行分类。

（一）按搭载传感器的遥感平台分类

根据遥感探测所采用的遥感平台的不同，遥感可分为如下几种。
①地面遥感，即把传感器设置在地面平台上，如车载、船载、手提、固定或活动高架平台等。
②航空遥感，即把传感器设置在航空器上，如气球、航模、飞机等。
③航天遥感，即把传感器设置在航天器上，如人造卫星、航天飞机、宇宙飞船、空间实验室等。

（二）按遥感的媒介分类

按遥感的媒介不同，可以将遥感分为以下几种。
①电磁波遥感，以电磁波为信息传播媒介的遥感。
②声波遥感，以声波为信息传播媒介的遥感。
③力场遥感，以重力场、磁力场、电力场为媒介的遥感。
④地震波遥感，以地震波为媒介的遥感。

（三）按遥感探测的工作方式分类

根据遥感探测的工作方式不同，可以将遥感分为以下两种。
①主动式遥感，即由传感器主动向被探测的目标物发射一定波长的电磁波，然后接受并记录从目标物反射回来的电磁波。
②被动式遥感，即传感器不向被探测的目标物发射电磁波，而是直接接受并记录目标物反射太阳辐射或目标物自身发射的电磁波。

（四）按遥感探测的工作波段分类

根据遥感探测的工作波段不同，可以将遥感分为以下几种。
①紫外遥感，其探测波段在 $0.05 \sim 0.38\mu m$。

②可见光遥感，其探测波段在 0.38～0.76μm。
③红外遥感，其探测波段在 0.76～1000μm。
④微波遥感，其探测波段在 1mm～10m。

多光谱遥感，又称高光谱遥感，其探测波段在可见光到红外波段范围之内，再分成若干窄波段来探测目标。

（五）按遥感资料的显示形式、获得方式和波长范围分类

根据遥感资料的显示形式、获得方式和波长范围等综合指标，遥感可分成以下类型体系。

①图像方式遥感，即把目标物发射或反射的电磁波能量分布，以图像色调深浅来表示。

②非图像方式遥感，即记录目标物发射或反射的电磁辐射的各种物理参数，最后资料为数据或曲线图，主要包括光谱辐射计、散射计、高度计等。

（六）按成像方式分类

根据成像方式的不同，可以将遥感分为以下两种。
①摄影遥感，以光学摄影进行的遥感。
②扫描方式遥感，以扫描方式获取图像的遥感。

（七）按应用领域或专题分类

根据遥感探测的应用领域或专题不同，可以将遥感分为以下几种。

地质遥感、地貌遥感、农业遥感、林业遥感、草原遥感、水文遥感、测绘遥感、环保遥感、灾害遥感、城市遥感、土地利用遥感、海洋遥感、大气遥感、军事遥感等。

二、遥感技术特点

（一）视域宽广，大面积同步观测

遥感图像可全面而连续地反映地面景象，极利于地球资源的大面积勘查，以及对各种宏观现象（矿带、板块构造等）进行直观鉴别，以至在全球范围进行分析对比。

（二）动态监测，快速更新监控范围数据

能动态反映地面事物的变化，遥感探测能周期性、重复性地对同一地区进行对地观测，这有助于人们通过所获取的遥感数据，发现并动态地跟踪地

球上许多事物的变化。例如,"快眼"(Rapid Eye)卫星对地重访周期为一天,灾害监测星座(DMC)重访周期可缩短至 24 h 以内,气象卫星重访周期更短,几个小时即可覆盖全球,而传统的人工实地调查往往需要几年甚至几十年才能完成对地球大范围动态监测的任务。遥感的这种获取信息快、更新周期短的特点,有利于及时发现土地利用变化、生态环境演变、病虫害、洪水及林火等自然和人为灾害。

(三)获取信息条件限制少,可获取海量信息

遥感技术手段多样,可提供多维空间信息,包括地理空间(经纬度、高度)、光谱空间、时间空间等。可根据应用目的不同而选择不同功能和性能指标的传感器及工作波段。例如,可采用可见光及红外线探测物体,亦可采用微波全天候的对地观测。高光谱遥感可以获取许多波段狭窄且光谱连续的图像数据,它使本来在宽波段遥感中不可探测的物质得以被探测,如地质矿物分类和成图。此外,遥感技术获取的数据量非常庞大,远远超过了用传统方法获得的信息量。

(四)应用领域广泛,经济效益高

遥感已广泛应用于城市规划、农业估产、资源勘查、地质探测、环境保护和灾害评估等诸多领域,随着遥感影像的空间、时间、光谱和辐射分辨率的提高,以及与 GIS 和 GPS 的结合,它的应用领域会更加广泛,对地观测也将随之步入一个更高的发展阶段。此外,与传统方法相比,遥感技术的开发和利用大大节省了人力、物力和财力,在很大程度上缩短了时间的耗费。据估计,美国陆地卫星的经济投入与所得效益大致为 1∶80,获得了很高的经济效益和社会效益。

(五)局限性

目前,遥感技术所利用的电磁波还很有限,仅是其中的几个波段范围。在电磁波谱中,尚有许多谱段的资源有待进一步开发。此外,已经被利用的电磁波谱段对许多地物的某些特征还不能准确反映,还需要发展高光谱分辨率遥感以及遥感以外的其他手段相配合,特别是地面调查和验证尚不可缺少。

第二节　遥感地质解译标志与地学分析方法

一、遥感地质解译标志

遥感图像是一种形象化的空间信息。对于地表空间分布的各种物体与现象，遥感图像包含的信息量极为直观、丰富和完整，尤其是地球表层资源与环境的信息。地表物体的遥感图像识别要素可归纳为"色调、形态、位态、时态"四大类，它可以解决地学解译中的4个基本问题，即时间、地点、目标、变化的时间空间基本问题。

（一）色调与色彩

色调指地学目标在遥感图像上的灰度和颜色，包括地学目标的灰度等级、颜色和阴影等。图像色调是地物图像识别的基础和物理本质，也是图像识别的本体要素。图像色调是构成图像其他要素的物理基础，色调差异和变化形成了图像目标的形态、位态和时态。因此色调特征是地质解译中最常用、最重要的解译标志。

1. 色调在影像上的物理含义

色调的深浅在不同类型遥感影像上的物理含义不同。在可见光、近红外黑白像片上，色调的深浅反映地物反射光谱能力的大小，色调越浅反射能力越强。热红外影像上，色调的深浅表示地物发射电磁辐射的能力不同，一般色调浅的辐射温度高。雷达影像上，色调的深浅反映地物后向散射微波能力的大小，浅色调的后向散射能力强。

2. 色调、色彩影响因子

影响色调的因素很多，除了物体本身的物质成分、结构构造、含水性等特征外，地质地理环境、风化程度、覆盖程度等外部因素也能改变物体的色调。在遥感图像上，地物色调的深浅程度是相对的。在地质解译中主要研究地质体之间的色调差异和相互关系。

具体来说，上述因子对影像色调、色彩的影响如下。

①风化作用。通常其会使地质体的色调变浅，如超基性岩易于风化，常常不是理论上那样深色调。但也有一些岩石风化后色调会变深，如石灰岩风化后淋溶作用使孔隙、裂隙增多，地表粗糙度加大，造成在影像上色调变深。

②湿度。对于相同的地质体，湿度大的色调深，湿度小的色调浅。

③土壤和植被的影响。凡是土壤的颜色比较深者，影像的色调也深，反之色调也浅；凡是植被覆盖的地区，在可见光像片上影像色调较深，植被稀少地层色调较浅。

④光照条件与地表结构（糙度）的影响。光照条件随着太阳高度角、季节以及摄影时间的变化而变化，光照条件改变使色调产生变异。此外，传感器入射角度不同，接收到同一水体反射进入镜头的光量也是不相等的，因而同一水体在不同影像上色调也不一致；对于相同的影像，同一条河流各个部位的色调也不是一致的。光照条件与地表结构的差异也会引起色调的变化，如同岩石阴坡与阳坡上的色调是不相同的一样。

受上述因子以及"同物异谱""同谱异物"的影响，影像上地物的色调变化是非常复杂的：不同的地物可以具有相同的色调，而同一物体也可以表现出不同的色调。在同一幅遥感影像上，即成像条件基本相同、物性相同的地质体理应有相近色调，实际上却往往不同，或差异很大。这是因为影像反映的是地表自然综合景观，而影像上的色调也必然是地物光谱的综合反映，即遥感影像存在"混合像元"问题；因而色调的深浅，与地物的地面实测结果常出现不符的现象，其根本原因在于地质体的色调受上述一系列因素的影响。

由上述内容可知，影像色调存在不稳定性，解译时应做具体分析，不能仅仅依靠色调来识别地物。只有当解译人员了解影响色调的因素后，才可以把色调、色彩作为识别地物的重要标志。在地质解译中，把色调作为一个重要标志，主要是研究地质体间的色调差异和相互关系。如在干旱-半干旱地区，利用色调差异，可以很好地追索岩层露头或勾绘地质界线。

3. 色调的划分

黑白影像上色调称为灰度或色阶。根据眼睛的识别能力将可见光黑白影像的灰度分为10级，其标准色调及其与反射率的关系如表6-1所示。

表6-1 消色地质体电磁波特征与影像色调的关系

消色地质体电磁波特征			像片的影像色调			
吸收率 /%	反射率 /%	原生色调	灰阶	标准色调	变色一	变色二
0～10	90～100	白	1	白	灰白	白
10～20	80～90	灰白	2	灰白	浅灰	—
20～30	70～80	浅灰	3	浅灰	浅灰	灰

续表

消色地质体电磁波特征			像片的影像色调			
30～40	60～70	浅灰	4	浅灰	灰	—
40～50	50～60	灰	5	灰	暗灰	—
50～60	40～50	暗灰	6	暗灰	深灰	深灰
60～70	30～40	深灰	7	深灰	淡黑	—
70～80	20～30	淡黑	8	淡黑	浅黑	浅黑
80～90	10～20	浅黑	9	浅黑	黑	—
90～100	0～10	黑	10	黑	黑	黑

彩红外像片上的颜色不是地物的真实颜色，色彩及浓淡的不同，仅表示反射的强弱。表6-2是彩红外像片色彩与真实地物颜色的对应关系。

表6-2 彩红外影像上色彩与真实地物颜色的对应关系

地物名称	真彩色像片上颜色	彩红外像片上颜色
清洁的河、湖水	蓝、绿	深蓝、黑
含沙量高的水体	浅绿、黄绿	浅蓝
高营养化水体	亮绿	淡紫红、品红
严重污染的水体	黑绿、灰黑	灰黑
健康植被	绿	红、品红
受病害植物	绿、黄绿	暗红、青
秋天植被	红黄	黄白
城镇	灰、深灰	浅灰、蓝灰
阴影	蓝色、细节可见	黑
砂渍	赤红、棕红	灰黑

按照遥感图像与地物真实色彩的吻合程度，可以把多光谱遥感图像分为真彩色图像和假彩色图像两种类型。真彩色遥感图像成像光谱分为可见光谱段的红、绿、蓝3个谱段，图像色彩具有与地物相同或相似的颜色，符合人的视觉习惯。假彩色图像上目标的构像颜色与实际地物颜色并不一致，它有选择地采用不同的波段颜色组合来突出某一类待定目标的图像色彩特征。按波段的通用常规组合，假彩色图像可以分为假彩色红外和非固定多光谱合成的彩色图像两类，图像的色彩不反映地物的真实颜色，但与地物的光谱特征具有一定的对应关系。

如World View-2数据具有高辐射量化级、高空间分辨率、多波段的特点。其影像清晰度、信噪比比ETM、Aster数据更高。在影像上，构造、岩性信息所表现出来的色调、纹理特征十分明显。因此,在 1 ∶ 5 万甚至更大比例尺的遥感地质解译中使用 World View-2 数据具有明显的优越性。

4. 影像色调分析

地物在遥感影像上的色调虽然经常变化,但仍有规律可循。在地质解译中,常根据色调的深浅、色调的均匀性、边界清晰程度等来描述影像的色调特征。

(1)色调的深浅

色调一般可依其深浅变化的程度分为 10 ~ 15 各等级指标。一般采用浅色调、中等色调、深色调三大类进行描述,并与区域地质构造单元中的岩石类型建立相应的识别标志。

①浅色调指白—淡灰之间的色调变化,如大理岩、石英岩、中酸性岩浆岩等均具有较浅的色调。

②中等色调指浅灰—深灰色调,如石灰岩、白云岩、砂岩以及中基性岩浆岩等,具有灰色色调。

③深色调指淡黑—黑色,总体色调较暗,地物内部细节显示得较模糊。煤层、基性和超基性岩浆岩、含水性很高或富含有机质的土壤层在遥感图像上均呈深色调。

(2)色调的均匀性

影像上地质体内部色调的均匀程度,可分为以下三种情况。

①色调均匀。反映物质比较均一,地质体物质成分、含水量和结构变化不大。如干旱地区的山前冲洪积物。

②色调的规律性变化。出露面积较大的地质体,内部色调有时会出现规律性的变化。如侵入岩体的环带状色调变化,可能反映岩体内部的分带现象;沉积岩区的色调重复出现可能指示岩性地层的韵律性组合或褶皱构造的发育;变质岩区的条带状色调则可能指示不同的变质程度或变质相带;蚀变岩区的色调变化可能指示不同的矿化蚀变。

③色调紊乱。色调呈斑块状或不规则状,总体显得杂乱无章、无规律可循。斑块状色调可表示局部成分、含水状况的显著变化,结果出现一片暗一片亮的斑块状色调,如冰碛平原、冰水沉积平原、冻土沼泽等地区。此外岩体接触变质带、盐碱地段等也常呈紊乱的色调。

(3)边界清晰程度

边界清晰程度指不同的地质体之间色调的差异程度。黑白图像只有存在色调反差时,才具有目标边界的划分意义。在黑白图像上,如果图像色调在空间上不存在反差特征，即使存在两个以上地理目标，也无法区别或划分它们。图像反差标志的应用，就是解决地学目标边界的识别和空间定位问题。

图像反差明显，目标边界清晰，反映地理目标之间界限分明，呈截然的、突变的关系，如水体、道路、村镇、侵入岩体的边界等。

图像反差不明显，目标边界模糊，反映地理目标之间的界限不甚分明，呈过渡的关系，如植被覆盖下的地层单元之间、同一类岩性的侵入体单元边界、耕地覆盖下的土壤类型边界等。

（二）地物的几何形态与空间特征

地物几何形态特征通常是指地学目标在遥感图像上的形态要素，包括地学目标的形状、轮廓、纹理、大小、图形结构及样式等。图像形态要素的构成取决于目标在地理空间上几何分布样式及其三维轮廓特征，从形态要素可以获取基本信息。同时，任何目标在地理空间上都不会孤立存在，其内部构成要素及外部空间关系都会影响目标的图像形态特性。

1. 几何形态

形状是指地物外部轮廓的形状在影像上的反映。不同类型的地物或地质体常有其特定的形状，因此地物影像的形状是目标识别的重要依据。

大小是指地物在遥感影像上的尺寸，如长、宽、面积、体积等。遥感影像上地物的大小，既与影像的空间分辨率有关，也与地物本身尺寸有关。

具有不同形状和大小的地物，可以从不同角度和目的，划分为不同类型和等级。一幅遥感影像上总会出现各种地质体的形状，如岩层三角面，地貌的形状如山丘，其他地物的形状如道路、树林等。这些地物均由不同几何要素（点、线、面、体）所组成。例如，一个山的体形总是由几个面形的坡、线形的山脊所构成。在遥感影像上这些几何要素，总是互相包涵，密不可分的。因此，识别形状大小的差异，区分高低、长短、曲直、陡缓、宽窄，并与色调、影纹、地形地貌等特征进行组合区分地物，是一个重要的解译内容。

2. 空间特征

位置指地物所处环境在影像上的反映，即影像上特定位置的地物与背景（环境）的关系。地物、地质现象常具有一定的位置，受地带性与非地带性因素的影响，其可以间接地反映许多遥感信息。如处在阳坡和阴坡上的树，可能长势不同或品种不同。又如花岗岩，在寒带风化地区形成石海冰缘地貌，而在亚热带化学风化地区形成厚层红色风化壳，这不仅是区域地貌上的差异，还反映了水分、热量等的区域差异。

地物空间组合关系是指在遥感影像上，利用临近区域的已知地物或现象，根据地学理论，通过对比和"延伸"，对研究区的地质体、地质现象进行辨认和研究。该方法的主要依据是一种地物的存在常与其他一些地物的存在相关联，即事物是普遍联系的，因而地物空间组合关系是一个重要的间接解译标志。如熔岩流指示火山活动的存在；地层一定范围内的重复性对称出现可能指示区域褶皱的存在；在遥感影像上可以根据岩性变化关系推断水系是否反映断裂体系；冲积扇前缘则可以推断地下水的出露带等。分析影像上地物的空间组合关系，要求解译人员具有较深广的地学知识和实践经验。

另外，随着比例尺大小、影像类型等因素的不同，同种地质体的解译标志会发生一定的变化，在解译过程中应予以注意。

（三）阴影

阴影是指因倾斜照射，地物自身遮挡能源而造成影像上的暗色调，它反映了地物的空间结构特征，阴影不仅增强立体感，而且它的形状和轮廓还显示了地物的高度与侧面形状，有助于地物的识别。

如铁塔、高层建筑等，这对识别人文景观的高度和结构等尤为重要。地物的阴影可以分为本形和落影。前者反映地物顶面形态，迎面与背面的色调差异，后者反映地物侧面形态，可根据侧影的长度和照射角度，推算出地物的高度。当然阴影也会掩盖些信息，给解译工作带来麻烦。

1. 本影

物体未被阳光照射的阴暗部分称为本影，即本身的阴影。在山区，山体的阳坡色调亮，阴坡色调暗，而且山越高、山脊越尖，山体两坡的色调差别越大、界线越分明，这种色调的分界线就是山脊线。因此，利用山体的本影可以识别山脊、山谷、冲沟等地貌形态特征。另外，由于地物有了阴面和阳面就会使人眼观察时产生立体感。按照人的视觉习惯，在观察影像时，将阴面（即北方）朝向自己得到的是正立体效应；若将阳面（即南方）朝向自己，则为反立体效应。山的阴坡，瓦屋的背阴坡，树冠的背阴面都是它们的本影。本影有助于获得地物的立体感。

2. 落影

光线斜射时，在地面上出现物体的投落阴影，称为落影。它有助于识别地物的侧面形态及一些细微特征，并可根据其长度，估计或测量物体的高度。

$$H = L \cdot \tan\varphi$$

式中：H 为物体的高度；L 为落影的长度；φ 为太阳高度角。当 $\varphi=45°$ 时，物体的高度正好等于其落影的长度。

太阳高度角为一可变的参数，它与地区的纬度、摄影日期、摄影时间有关。太阳高度角不同，造成不同的阴影效果。正午太阳高度角最大，阴影小而淡，图像缺乏立体感；日出或日落时太阳高度角最低，阴影长而浓，阴影会掩盖很多目标的图像信息。通常以 30°～40° 的太阳入射角形成的阴影图像效果最好。选择图像时应根据地区的纬度及地形特点，注意成像季节和成像时间。

（四）水系标志

水系是由多级水道组合而成的地表水文网，它常构成各种图形特征。在遥感图像上一个地区的水系特征是由该地区的岩性、构造和地貌形态所决定的，因此，在地学解译中它是重要的图像标志之一。

水系标志可通过一些图像指标来描述，一般可从水系密度、水系类型等方面进行。

1. 水系密度分析

水系密度是指在一定范围内各级水道（主要指1级、2级或3级）发育的数量；但也有用相邻两条同级水道之间的间隔来表示水系的疏密。水系密度的大小是由岩石的成分、结构、含水性及地形决定的。因此，通过对水系密度的分析，可以了解该地区的岩性、地貌特征。水系密度分为以下三种。

（1）密度大（密集）

地表径流特别发育，形成密集的1级、2级冲沟（间隔小于100 m），冲沟密集、短而浅；反映岩石和土壤结构致密、透水性差、质地软弱、易被流水侵蚀。大片黏土、泥岩、板岩、粉砂岩、易碎片岩发育的地区，容易形成密集的水系。

（2）密度中等

介于密集与稀疏二者之间，地表径流比较发育，间隔为 100～500 m，地面有一定的坡度；反映岩石透水性较差、抗侵蚀能力中等，是比较多见的水系类型。透水砂岩地区多发育中等密度的水系。

（3）密度小（稀疏）

地表径流不发育（间隔大于 500 m），一级小冲沟很少，沟谷长而稀疏；反映地表坡度均一、岩石坚硬、裂隙发育、透水性好。大面积出露的灰岩及松散堆积物地区多为稀疏水系。

在遥感影像上对水系密度进行定量统计，可以为地质解译提供更为可靠的依据。统计时，可以测量规定范围内各级水道（主要是1级、2级、3级）出现的条数；也可以用单位面积内水系的总长度来表示。

2. 水系类型分析

水系类型由地貌形态类型与区域地质构造环境所制约，且水系样式常与下垫面的岩性、构造、岩层产状有着密切的关系。常见的水系类型有以下几种。

（1）树枝状水系

树枝状水系是最常见的水系类型，各级水道自由发展，没有明显的固定方向。其主要特点是次级水道与高一级水道以近似的锐角相交，一般没有急弯的河道或直角交汇；多出现在坡度不大、产状平缓、物质差异不明显、岩性均一、构造简单的地区。

树枝状水系有几种变态，它们是在特定的岩性或特定的地质地理环境中形成的。

①羽毛状树枝状水系：总体呈树枝状，其特点是一级冲沟短而密，呈直角或较大的锐角与二级冲沟相交，二级冲沟长而稀疏。羽毛状树枝状水系常发育在黄土区，有时在含泥质很高的粉砂岩区也能形成密度较稀的羽毛状树枝状水系。

②钳状沟头树枝状水系：总体也呈树枝状，但一级冲沟往往成对出现，在其交汇处形成钳状的沟头。这种水系形式多见于我国南方中新生代砂砾岩层及酸性侵入岩发育地区。形成钳状沟头的原因是由于块状岩石（如花岗岩）原生节理发育，在温暖多雨的气候条件下，均匀风化后形成圆丘状地貌，沿着丘状山包的边缘发育的冲沟便形成了钳状沟头。

（2）平行状水系

平行状水系多级冲沟大致平行，并以近似的角度呈直线状与主流相交汇。受地形控制，多出现在稳定倾斜、岩性较均一、构造简单的地区。在掀斜构造的倾斜面、单斜山的一侧也会发育。

（3）格状水系

这是一种严格受构造控制的水系，呈方格状或菱形格状。方格状水系的1～3级水道以直角相交，它们多半是沿断层、节理发育的。格状水系主要出现在裂隙发育的岩层中，如块状砂岩、花岗岩、大理岩等。菱形格状水系的冲沟顺着强烈破碎的节理面或软弱面发育，两个方向的冲沟呈锐角相交形成菱形水网。

（4）放射状水系及向心状水系

放射状水系水道呈放射状，自中心向四周延伸。多发育在火山锥和穹窿构造上升区，沟谷一般切割较深，多呈V形谷，两侧常发育有短小的冲沟；侵蚀残山区也可能出现放射状水系。

水流从四周向中心汇集的水系称向心状水系。其多发育在构造盆地与局部沉降区等处。

（5）环状水系

它常与放射状水系同时出现，沿花岗岩体上的环状节理、穹窿构造上的岩层层理与片理均能形成环状水系。

（6）其他类型

①扇状水系：发育于河流三角洲上的水系，局部发育于河流入海和湖口处洪积扇、洪积裙上，水流沿着扇面地形突然撒开，形成细而浅的放射状冲沟，总体呈扇状。

②辫状或网状水系：多发育在宽阔的平原区，尤其是在河流从山区突然进入平原区的河段最为常见。水流形成的多条水道互相穿插、交织在一起，形成辫状或网状。

③曲流型水系：主要由平原区河流的主河道发生曲流形成。在地壳抬升的山区，发展形成深切曲流。

水系图形的分析，往往是地质解译的起点，勾绘河道和水系是解译的第一步，也是一种能够敏锐地反映最新地质变动的一种解译标志，对于揭示现代地壳运动具有重要意义。沟谷水系图形主要受岩石抗风化抗侵蚀能力、孔隙度、可溶性、透水性以及气候条件影响，地面坡度、相对高差、侵蚀基准面的不同，以及地质构造条件的不同是影响因子，其他如植被分布、人工的改造、新构造活动等都可能使水系图形发生改变。因此，利用沟谷水系解译时，要善于分析其形成条件、影响因子及组合原因，并结合其他各项标志综合考虑，弄清控制水系的主导条件、形成的地质条件以有助于解译岩性、构造特征。

（五）地形地貌

1. 山地地貌形态标志

山地地貌形态和规模主要受区域地质构造控制。断块山地是由于断块的差异升降造成的，它们的边缘往往有区域性断裂，山地内部也发育有与之相应的伴生构造。地势高差悬殊的高原及断陷盆地也同样多受断裂控制。熔岩高地则是大面积玄武岩溢流和堆积的结果。在层状沉积岩和变质岩地区，层状岩层在空间上的局部格局决定了山地地貌的基本格局，如单斜构造、褶皱构造以及与之有生成联系的断裂构造都决定了山体的延伸方向和空间组合规律。

2. 山体组合标志

主干山脊在空间的排列样式主要有平行的、相交的、放射状或不规则状，它们都反映了区域岩性、地层和构造的空间结构差异。研究山体间的组合关系时，要与水系分析结合起来，因为它们之间有着密切的成因联系。此外，地貌形态的突变，正负地形的相间排列（如山地、盆地相间分布）也应引起重视，它们可能与区域性断裂或较大的断层有关。

3. 山体形态标志

山体形态特征主要包括山体的规模大小、山脊的形状、山坡陡缓及对称性。山体的规模影响因素较多，而山脊和山坡的形态与岩性、构造的关系较密切。

4. 微地貌标志

微地貌（地形）形态的局部异常现象，尤其是当它们在平面上沿着直线方向连续出现或呈有规律的转折时，往往也是岩性变化或构造现象的反映。例如，山脊上的垭口、山坡上的陡坎或低洼带，就可能是断层通过点或岩性发生了变化。平原地区微地貌的变化有时有助于隐伏构造的解译。

5. 河谷地貌标志

河谷是地表流水的谷道，与山地地貌相比属于负地形。河谷地貌是地壳内外力地质作用的综合产物，也是地表形变的最敏感地貌单元。因此河谷地貌标志对于地学解译而言具有特殊指向意义。河谷地貌标志与水系标志具有较多的相似性，但在地学解译中，河谷地貌强调河谷的纵向剖面、横向剖面、谷底构成特征等微地貌标志的研究。

总之，对地貌特征进行综合分析时，要充分考虑地形、岩性、构造、外动力间彼此的关系，还应注意到一些遥感影像本身直接显示的地貌现象和成因。如火山锥的地貌形态显示火山机构的存在；沙丘、洪积扇等本身就直接指明了地面松散沉积物的成因类型。它们既是地貌形态特征，同时又说明一种地质现象。研究地貌形态对各种构造区的地质填图十分重要，特别是微地貌的分析、山坡形态的研究可为地质解译提供可贵的线索。

（六）纹理标志

常见的图像纹理类型或影纹图案如下。

1. 层状／条带状影纹

其由层状岩石信息显示，主体反映地层类。按组合规律可细分为单层状、夹层状、互层状、不规则互层状及条带状等形式，如由沉积岩层层理和褶皱构造所表现的条带状影纹。

2. 非层状影纹

其由非层状岩石（主指岩体）显示。因岩石类型复杂，影纹结构形式表现不一，除边界形状描述外，对于内部影纹结构应根据具体图案自行命名即可。应注意的是，影纹结构特征不同，代表的岩性也不同。

3. 环状影纹

其主要针对空间产出形态呈环状的影像体内部信息特征的描述，包括圆形、半圆形、连续的或断续出现的环状影纹，如岩体、火山机构、穹窿、环状断裂和环状节理等。其也可以作为岩性详细划分的一个依据。实践表明，同一侵入岩体内，其微细影纹结构的差异反映岩石结构的变化。实际应用中，应尽量结合工作区具体情况，按影纹结构特点命名。

4. 圈闭、半圈闭影纹

其指相同特征的层状影纹的对称分布，弧形圈闭或半圈闭，直接反映褶皱构造现象的存在。

（七）人类工程活动标志

有史以来人类活动遗留下的痕迹，有很多与地质有关，如古代采矿遗迹、冶炼遗迹等。人类活动中的探矿工程灰窑、煤窑、采石场等均可作为地质解译的间接分析标志。

上述各种解译标志，都是地质体某一个侧面或某一种性质的反映，不能反映地质体的全貌。在进行地质解译时，应该多种标志综合分析运用、互相补充印证。

人类工程活动标志也是人文地理学、考古学、城市学与环境科学的图像解译标志。不同专业可以依据其专业理论和知识系统对图像中的人类社会活动遗迹及工程活动遗迹进行全面的解译和分析，以获取所需的科学数据。

二、遥感地学分析方法

将地学分析与遥感影像处理方法有机地结合起来，一方面可以扩大地学研究本身的视野，促进地学的发展；另一方面可以改善遥感影像解译分析、识别目标的精度。在遥感影像解译过程中，地学分析的应用已日益普遍。《遥感地学分析》一书概括了遥感地学分析的主要方法。现将几种常用的地学分析方法简述如下。

（一）地理相关分析法

所谓地理相关分析法，就是研究某个区域地理环境内各要素之间的相互关系、相互组合特征，在遥感影像解译过程中通过对这些因子的特点及其相互关系的研究，从各个不同的角度来分析、推导出某个专题目标的特征，即寻找与目标相关性密切的间接解译标志，从而推断、认识目标本身。

（二）环境本底法

环境本底法，即了解一个地区的区域概况以及分析该地区地理环境的总体规律，在分析环境背景的基础上，搞清区域内正常的组合关系、空间分布规律和正常背景值，也就是搞清环境本底，由此寻找异常，并追根求源，找出异常原因，通过成因机制分析，在更大范围内寻找与异常有关的环境特征。这在遥感生物地球化学找矿中应用较多。

（三）分层分类法

遥感分层分类法就是根据信息树所描述的景物总体结构来进行逐级分类。实际上是按照信息树的第一级所列的类别进行分类，然后按照信息树的分支继续进行下一级的分类，直到信息树的最终结点上的类别判识出来为止。与传统分类法不同之处在于，它不仅是按层次一步步地分类，而且在层次间不断加入遥感与非遥感的决策函数，从而组成一个最佳逻辑决策树，得出满意的分类结果。

（四）区域区划法

区域区划法是把区域内部的一致性、区域之间的差异性加以系统揭示和归纳的方法。该方法有以下基本特征。

1. 地域性

由于区域处在特定的三维空间位置和时间演进中，又受地带性与非地带性因素的制约，因而在不同的地区形成不同的自然综合体组合。对于其一区域，既有固有的规律又有其特殊的性质，即具有共性与个性。

2. 综合性

综合性表现在全面地分析所有自然因素和社会因素，系统地考虑和研究地理环境各要素之间的相互联系和相互制约关系。任何区划都必须进行多因子的综合分析。

3. 宏观性

区划是对较大范围的宏观研究，反映地域的全貌与主流，而不是侧重它的细节，因此具有较大的概括性。

4. 层次性

区划是按照一定的层次进行的。层次不同，其内部的相似程度也不同。层次越低，其内部的相似性越大。

（五）信息复合法

信息复合是指同一区域内遥感信息之间或遥感与非遥感信息之间的匹配复合。它包括空间配准和内容复合两个方面，从而在统一地理坐标系统下，构成一组新的空间信息，形成一种新的合成影像。信息复合的目的是突出有用的专题信息，消除或抑制无关的信息以改善目标识别的影像背景。

第三节 高光谱遥感地质勘查技术与应用

一、高光谱遥感概述

高光谱遥感指具有高光谱分辨率的遥感科学和技术，是 20 世纪 80 年代初出现的新型对地观测综合技术。高光谱遥感技术的发展始于成像光谱技术的发展。成像光谱仪能在电磁波谱的紫外、可见光、近红外和短波红外区域获取许多非常窄且光谱连续的图像数据，为每个像元提供了数十个至数百个窄波段（通常波段宽度 <10 nm）光谱信息，它们组成了一条完整而连续的光谱曲线。

近年来，高光谱遥感技术在地质领域得到了深入的应用与发展，不仅深化了地质学的基础研究，也推动着遥感地质调查技术方法的飞跃。

1. 高光谱遥感的特点

高光谱遥感具有不同于传统遥感的新特点，主要表现如下。

①波段多：可以为每个像元提供几十数百甚至上千个波段。

②光谱范围窄：波段范围一般小于 10 nm。

③波段连续：有些传感器可以在 350～2500 nm 的太阳光谱范围内提供几乎连续的地物光谱。

④数据量大：随着波段数的增加，数据量呈指数增加。

⑤信息冗余增加：由于相邻波段高度相关，冗余信息也相对增加。

因此，一些针对传统遥感数据的图像处理算法和技术，如特征选择与提取、图像分类等技术面临挑战，而用于特征提取的主分量分析方法、用于分类的最大似然法、用于求植被指数的归一化植被指数算法等，不能简单地直接应用于高光谱数据。

2. 高光谱图像处理模式的技术

高光谱分辨率遥感信息的分析与处理，侧重于从光谱维角度对遥感图像信息展开和进行定量分析，其图像处理模式的关键技术如下。

①超多维光谱图像信息的显示，如图像立方体的生成。

②光谱重建，即通过成像光谱数据的定标、定量化并基于大气纠正的模型与算法，实现成像光谱信息的图像 - 光谱转换。

③光谱编码，尤其指光谱吸收位置、深度、对称性等光谱特征参数的算法。

④基于光谱数据库的地物光谱匹配识别算法。

⑤混合光谱分解模型。

⑥基于光谱模型的地表生物物理化学过程与参数的识别和反演算法。

二、高光谱岩矿信息提取技术

矿物、岩石光谱特征与其物理化学属性的关联分析是高光谱遥感提取岩矿信息的基础。高光谱岩矿信息提取技术可以分为三大类型。

（一）基于单个吸收特征

岩石、矿物单个诊断性吸收特征可以用吸收波段位置（λ）、吸收深度（H）、吸收宽度（W）、吸收面积（A）、吸收对称性（d）、吸收峰数目（n）和排列次序做完整的表征，这些光谱参数尤其是吸收深度与岩石中矿物成分的含量具有定量关系。光谱吸收波段位置信息可以确定图像像元归属、成分类别以及矿物类型；光谱吸收深度信息可以获得图像像元的矿物含量等定量信息，同时可以作为光谱吸收识别的指标。因此，可以从成像光谱数据中获得光谱吸收特征信息，从而实现遥感矿物识别与填图。如相对吸收深度图法、连续插值波段算法和光谱吸收指数图像法等。

由于混合光谱的存在，光谱特征往往发生漂移和变异，利用单个吸收特征识别矿物、岩石就受到较大的限制。

（二）基于完全波形特征

基于完全波形特征的方法是在标志光谱和像元光谱组成的二维空间中，建立测度函数，根据标志光谱和像元光谱的相似程度进行判别。测度函数有相似系数法、距离法等，最常用的是光谱角填图法。

利用整个光谱曲线进行矿物匹配识别，可以在一定程度上改善单个波形的不确定性影响（如光谱漂移、变异等），提高识别的精度。但是，岩矿光谱特征会受到实际地物光谱变异、观测角度、矿物颗粒大小等因素的影响，因此，完全波形识别的方法，也有局限性。

（三）基于光谱知识模型

基于光谱知识模型的识别是建立在一定的光学、光谱学、结晶学和数理基础上的信号处理技术方法。它能克服上述两种方法的缺陷，在识别地物类型的同时，还能精确地量化地表物质的组成和其他物理特征。例如，建立在Hapke光谱双向反射理论基础上的线性混合光谱分解模型（SAM/SUM），可以根据不同地物或者不同像元光谱反射率相应的差异，构成光谱线性分解模型。

不过，由于该类方法在识别地物的同时量化物质组成，因此，就其发展趋势而言，随着一系列技术的成熟与光谱学、结晶学等知识的深入发展，以及识别精度的改善与量化能力的提高，其应用将会越来越广泛。

总之，究竟哪种方法效果好，需要比较而定。岩矿遥感光谱基础研究与高光谱遥感信息提取方法研究是同等重要又相互促进的。二者的研究方向都主要集中在光谱特征识别与矿物物化属性的关联、光谱物理模型两大方面，对它们的深入研究，将为岩矿识别方法、定量反演、矿物晶体内部结构分析等提供方法和理论基础，也将推动遥感技术的发展。

三、高光谱遥感地质应用

区域地质制图和矿产勘探是高光谱技术主要的应用领域之一。地质是高光谱遥感应用中最成功的一个领域。成像光谱技术的出现进一步证实的结论是，根据光谱特征可以识别出大部分的岩石和矿物，从而利用高光谱遥感手段进行地质制图变成可能。各种矿物和岩石在电磁波谱上显示的光谱特征可以帮助人们识别不同的矿物成分。高光谱数据能反映出这类光谱特征。而利用宽波遥感数据，根本不可能探测到这些诊断性特征。这是因为许多地表物质的光谱吸收峰宽度为 30 nm 左右，陆地卫星传感器的光谱分辨率一般在 100 mm 左右，在可见光—短波红外区域只有 6 个波段，无法探测这些具有诊断性光谱吸收特征的物质，而高光谱成像光谱仪获得的遥感图像的光谱分辨率一般在 10 nm 左右，如航空可见光/红外成像光谱仪，因此能够区分那些具有诊断性光谱吸收特征的矿物，就是高光谱数据挖掘以及矿物填图技术研究的基础。

利用高光谱遥感数据进行矿物识别填图的概念模型如下。

①成像光谱仪所获得的遥感数据为像谱合一的光谱图像立方空间维与光谱维组成的三维数据集；图像上每个像元足以获得连续的光谱曲线，可进行光谱波形形态分析以及与实验室、野外及光谱数据库进行光谱匹配。

②应用光谱吸收指数（SAI）技术可以进行矿物吸收特征的鉴别，主要是特定波长吸收深度图像生成，光谱吸收指数图像与矿物的分布和丰度有定量关系。

③不同吸收波长位置的光谱吸收指数图像序列形成光谱吸收图像立方体，它构成了矿物识别分类与填图的特征参数集。

④将典型吸收的光谱吸收指数图像或系列光谱吸收指数图像组合进行分类得到成像光谱图像最终光谱单元专题信息图。

由成像光谱仪获得的高光谱影像数据作为一类非常重要的空间信息源，以其实用性、时效性及丰富的光谱细节特征而广泛应用于地质调查和资源勘查。

1983 年，喷气推进实验室（JPL）利用获得的 128 波段 10 mm 分辨率的航空成像光谱图像（AIS），在美国内华达州成功地进行了高岭石、明矾石等单矿物光谱匹配的识别，这标志着遥感地质学从定性的岩性划分跨入矿物成分直接识别的阶段。20 世纪末，美国、澳大利亚、加拿大、法国和芬兰等国家利用先进的成像光谱测量系统，结合地面光谱测量、航空磁测量和航空放射性测量等工作，进一步推动了成像光谱矿物填图技术的发展。

国内也将高光谱数据成功应用于地质调查、矿物填图等方面。中国科学院遥感应用研究所在新疆塔里木盆地进行成像光谱矿物填图工作，成功地区分了寒武奥陶纪灰岩与二叠纪灰岩；国土资源部航测遥感中心以遥感影像群、影像组为研究基础，建立了变质岩影像岩石填图单位，总结出变质岩区遥感地质填图方法；核工业北京地质研究院航测遥感中心在云南腾冲及内蒙古海拉尔等地，采用地面光谱测量、卫星图像处理及光谱匹配技术，提取铀矿化蚀变带的光谱信息，取得了较好的效果。

随着高光谱遥感地质应用的不断扩展和深入，高光谱遥感技术和方法也在不断改进，近年来在以下几个方面取得了突出的进展。

①国内外研制了多种地面光谱仪、机载和星载成像光谱仪，形成一个从地面到空中再到太空的多层次的高光谱信息获取体系。

②研究了矿物光谱的精细特征与矿物微观信息之间的关系，进行了矿物亚类、矿物组成成分、矿物丰度信息等矿物微观信息的探测。

③利用所识别并填绘矿物的共生组合规律和矿物自身的地质意义，反演各种地质因素之间的内在联系，提高了高光谱在地质应用中分析和解决地质问题的效能。

④美国的火星探测器、欧洲空间局的火星探测器，以及中国发射的月球探测卫星"嫦娥号"和印度发射的探月卫星等，都搭载了高光谱仪用于外太空的行星地质探测。

第七章　钻探技术及其在地质勘查中的应用

钻探技术由来已久，在世界范围内有着较长的发展历史，并且形成了自己的技术体系。科学技术高速发展的今天，钻探技术发展迅速，服务范围也日渐扩大。在地质勘查中，钻探技术的应用已取得很大的成功。

第一节　钻探技术发展概述

钻探技术是一门古老而又年轻的工程技术，它是伴随人类对矿产资源和地下水资源的需求而产生的。随着工业技术的进步，钻探工程也取得了快速发展。现代城市建筑、铁路、桥梁、公路的地基基础工程和地下管道铺设等各类工程建设为钻探工程技术的应用拓展了巨大的空间，钻探工程已经形成了一个庞大的具有多个分支的工程系统。

钻探技术体系中寻找矿产资源的、唯一能直接获取地下实物信息的取心（取样）钻探仍然是其核心技术。国内外对于这类钻探技术有很多不同的称谓：岩心钻探（Core Drilling）、地质钻探（Geological Drilling 或简称 Geo-drilling）、矿山钻探（Mining Drilling）、取样钻探（Sample Boring）等。

近些年来，地质钻探技术有了突飞猛进的发展，不仅能获取岩（矿）心，还能钻取岩屑样、流体样；不仅能探查固体或液体矿产资源，还能为地球科学研究获取更为丰富的地下实物样品及打开信息采集通道。

如今钻探、坑探和山地工程与地球物理调查、遥感调查、地球化学调查、实验测试并称地质调查五大工程技术。

钻探技术对于地质调查的结论具有决定性的意义。

二、我国钻探技术发展

我国古代钻探技术始于水井的穿凿，四五千年以前黄帝时期即已开始原始的挖井活动，舜帝时期的伯益可以说是凿井的先驱。上起商周，下至战国，前后一千年左右的先秦时期，凿井井形由方形发展到圆形，井材从自然土井到陶井、砖井，技术不断发展，为深井钻凿奠定了基础。公元前 250 年左右，秦昭王任命李冰为蜀郡太守，李冰不仅建造了举世闻名的都江堰水利工程，而且在四川成都双流县（现为双流区）东南的华阳镇开凿了我国第一口盐井，即广都盐井，解决了人民对岩盐的需求。

由汉至唐的 1113 年时间内，是大口径浅井的鼎盛时期，据史书记载，临邛火井深度已达 138.24 m，四川仁寿的高产凌井深度已达 248.8 m。到北宋庆历年间出现了小口径卓筒井深井凿井技术，卓筒井被称为我国古代的第五大发明，使我国钻井技术从大口径浅井跨入了小口径深井的崭新阶段。它的推广和使用促进了宋代四川深井盐业生产的蓬勃发展，同时也为古代石油天然气的开发开辟了道路。

卓筒井即直立筒井，其技术特点可归纳为五点：一是采用竹篾绳索冲击钻探设备与工艺；二是发明了人类历史上第一种锻铁制造的钻头；三是首创了以竹套管保护井壁的方法；四是用小直径的竹管做成捐泥筒（今称捞砂筒）捞取岩屑、岩泥，或做成汲卤筒；五是用竹木制造了可冲击和提升钻具的全套设备，并可用畜力代替部分人力。

到明清两代深井钻凿工艺日臻成熟，从设备到凿井工艺形成一套完整的技术体系，也成为现代顿钻技术的先驱。明代钻进工艺的重要突破之一是用木套管代替了竹套管，改善了竹管口径小的局限，钻孔结构由"二径结构"发展成"三径"或"多径"结构；此外，在打捞工具与打捞技术、井斜测量与修技术、井径测量与修整井壁技术、木套管修理技术等方面均有很大改进。在这些技术应用的基础上，道光十五年我国钻凿了世界第一口超千米的深井——桑海井，井深达 1001.42 m，这是我国古代钻井工艺成熟的标志，也是世界钻井史上的里程碑。此井直至 1989 年才停产，连续开采了 154 年，实为世界罕见。该井于 1988 年经国务院批准为全国重点文物保护单位，供世人考古和参观。道光三十年还钻成了一口 1100 m 深的天然气井——磨子井。

近代中国机械岩心钻探是从河南焦作开始的，20 世纪初英国人成立的福公司从英国运来蒸汽钻机，采用回转取心工艺，手镶金刚石钻头钻进，勘查煤矿并训练了最早的一批机械岩心钻探工人，开启了我国机械岩心钻探的序幕。1947 年立轴式钻机开始引进到中国。20 世纪 20 年代还从国外引进了冲击钻机开展盐井钻探和油气钻探，后来改进为旋转钻。这一时期我国钻探技术和装备基本上是引进西方国家的。

中华人民共和国成立后由于工业发展迅速，迫切需求资源，促使地质工作蓬勃发展，钻探工作量急剧增加。我国钻探技术与装备受苏联的影响，在地质岩心钻探方面经历了从硬质合金钻进到钻粒钻进，再到金刚石钻进的发展历程，钻机也从手把式钻机、油压立轴钻机、转盘钻机过渡到全液压钻机。20世纪70年代末，小口径金刚石钻探配套技术逐步在全国推广应用，使我国整体岩心钻探技术接近国际水平；21世纪初，实施的中国大陆科学钻探工程"科钻一井"推动了我国科学钻探工程普遍开展，并进入国际科学钻探界的前列；2006年国务院发布《关于加强地质工作的决定》后，我国钻探工作量迅猛增长，全液压动力头钻机实现了更新换代，并出口到世界28个国家和地区。

三、世界钻探技术发展

人类的钻井活动已有数千年的历史，大体经历了四个阶段。

①从远古到11世纪中叶，用原始手工工具挖掘大口径浅井。

②从11世纪中叶到19世纪中叶，用竹木制作工具，以人畜为动力，冲击钻凿小口径深井。

③从19世纪中叶到20世纪初，用钢铁制造设备和工具，以蒸汽机为动力，进行冲击钻井，即顿钻。

④20世纪初至今，以内燃机和电动机为动力的旋转钻井阶段，此阶段又可以细分为经验阶段、科学阶段、智能化阶段。

中国毫无疑问是钻井技术的发明国。英国著名科学家李约瑟博士，本名约瑟夫·尼代姆，在其所著《中国科学技术史》（Science and Civilization in China）一书中写道："今天在勘查油田时所用的这种钻探井或凿洞的技术，肯定是中国人的发明。因为我们有许多证据可以证明，这种技术早在汉代就已经在四川加以利用。不仅如此，他们长期以来所应用的方法，同美国加利福尼亚州和宾夕法尼亚州在利用蒸汽动力以前所用的方法基本相同。"李约瑟还说："中国的卓筒井工艺革新，在11世纪就传入西方，直到公元1900年以前，世界上所有的深井，基本上都是采用中国人创造的方法打成的。"

1859年，美国塞尼加石油公司在宾夕法尼亚州泰特斯沃尔镇的油溪区，使用中国的绳索钻井方法（机械顿钻）钻出口深约21 m、日产原油4.8 t的井，通常人们把这口井作为近代石油工业的起点，即德雷克井。关于世界上第一口油井尽管有争论，但是只有德雷克井迎来了人类社会石油时代的到来。随着石油的开发，钻井技术取得了快速发展，1845年罗伯特·比尔特获得了旋转钻机的发明专利，1856年首次将蒸汽机用于钻机的动力，从此机械旋转钻机逐步取代了冲击式钻机。

到了20世纪初，旋转钻进工艺新技术不断涌现。1909年美国工程师休兹制造了双牙轮钻头，随后改进为三牙轮钻头，它是一种原理上全新的孔底碎岩工具，1914年首次应用于膨润土钻井泥浆。1923年俄罗斯工程师卡佩柳什尼克研制和应用了结构原理全新的孔底动力机，即利用冲洗液能量驱动的涡轮钻具，于是出现了涡轮钻进。20世纪60年代中后期开发了螺杆钻具，由此诞生了一种全新的孔底动力驱动的钻进工艺方法，进而推动了定向钻进技术的进一步发展。

在地质钻探领域，一直以来人们使用钢制钻头，但切削磨料经历了巨大变化。1862年法籍瑞士工程师里舒特首次将天然金刚石钻头应用于矿山钻探，采用手工方法将黑色金刚石镶嵌在钢制的环状钻头上。金刚石是世界上最硬的矿物，是钻进深孔和坚硬、强研磨性岩石最理想的磨料，但是金刚石十分稀有，价格昂贵。1872年美国使用的手镶天然金刚石钻头应用于纽约曼哈顿大规模港口扩展项目中的钻探爆破工程。19世纪末美国工程师提出在硬岩，特别是在裂隙性岩石中使用钻粒钻进，当时的钻粒为铸铁砂，发明于英国，后来发展成用切制的钢粒，经过油浴淬火而成。由于钢粒强度大、耐磨，自有了钢粒就取代了铁砂。1923年，德国的施勒特尔发明了碳化钨和钴的新合金，硬度仅次于金刚石，这是世界上人工制成的第一种硬质合金，人们开始采用镶焊硬质合金切削具的环状取心钻头；20世纪40年代，出现了孕镶细粒金刚石的取心钻头和全面钻头，其工作部分是烧结在钻头钢体上的金属胎体，其中包镶了可破碎最坚硬岩石的细粒金刚石晶体，自此金刚石钻进就逐步取代了钢粒钻进；1954年美国通用电气公司用人工方法合成了单晶人造金刚石，70年代后在人造金刚石的基础上先后开发了聚晶金刚石（PCD）、金刚石复合片（PDC）、三角聚晶巴拉赛特，以及斯拉乌基奇等很多新型超硬复合材料，为钻探工程提供了极为丰富而廉价的钻探磨料，使金刚石钻探技术获得了十分广泛的应用。

冲击回转钻进的应用已有上百年的历史，早在19世纪60年代就有人进行了潜孔式冲击器的试制工作；早期在法国研制过低频液动冲击器，后来，在苏联和美国进行过"涡轮锤"和"涡轮振动钻"的研究工作；20世纪30年代发展了风动潜孔锤，到20世纪五六十年代获得了较为广泛的应用；20世纪40年代，苏联葛莫夫研制了活阀式正作用液动冲击器，美国巴辛格尔也研制了活阀式正作用液动冲击器；20世纪50年代美国的艾莫雷研制了活阀式反作用冲击器；70年代出现了金刚石钻进用高频液动冲击器；目前，各类冲击器都取得了较大的发展。

绳索取心钻探技术最初用于石油、天然气钻探，1947年美国长年公司将这种技术用于金刚石地质岩心钻探，到50年代形成不同口径的系列取心钻具，目前已成为世界范围内应用最广的一种岩心钻探方法；绳索取心既用于地表岩心钻探，也用于坑道内岩心钻探，并发展为用于海底的钻探取样；绳索取心钻探世界最深钻孔为 5424 m。

20 世纪 70 年代在俄罗斯出现了高效率的水力输送岩心钻进方法。

在钻探设备方面，19 世纪 60 年代出现了最早的人力驱动的回转钻机。1858 年开工的意大利与法国之间的切尼斯山隧道，为加快工程进度在 1864 年制造了一台蒸汽驱动的钻机，转速 30 r/min，在花岗岩中钻速 25～30 cm/h。美国沙利文研制了蒸汽驱动螺旋摩擦给进式金刚石岩心钻机，该钻机最大钻深 457 m，岩心尺寸为 28.6 cm。1867 年美国人布洛克注册了蒸汽驱动金刚石钻机的专利，转速达 250 r/min。1872 年英国人毕芒特少校设计了一种金刚石钻机，于 1875 年钻了一口 697.5 m 深的钻孔。1878 年美国沙利文机械公司总工程师赫尔设计了沙利文式金刚石钻机，其后的几代产品至今仍在世界上享有盛名。1886 年德国人设计了一种复合式钻机，用钢绳冲击钻头施工浅部软的岩层，用金刚石钻头钻硬岩层，成功完成一口 1748 m 深的钻孔，成为当时世界上最深的岩心钻探钻孔。1880 年以后金刚石钻机的应用扩大到世界各地。20 世纪初，长年公司开发了立轴式给进 UG 型金刚石钻机，此钻机已具有现代钻机的雏形；40 年代出现了螺旋差动给进式和液压立轴式钻机；1953 年全液压钻机开始应用。

20 世纪 30 年代，直升机运送吊装钻探设备的技术已运用于美国、欧洲等地，至 20 世纪末已应用到许多欠发达国家和地区。

在石油天然气钻井领域，20 世纪 70 年代以后进入科学发展阶段，以地层压力预测理论为基础的钻井工程设计技术、以流变学理论为基础的优质泥浆技术、以水力学和射流理论为基础的喷射钻井技术以及固井、固控的设备和技术等一大批先进的钻井工艺方法获得了广泛应用。20 世纪 90 年代以后油气钻井进入了自动化、智能化的快速发展时期，代表性的技术有最优化钻井技术、无线随钻测量与控制技术、欠平衡钻井技术、大位移水平井技术、膨胀套管技术、连续管钻井技术、超深井钻探技术和自动导向钻井技术等。

在水井钻凿方面，据俄罗斯梭罗维耶夫在《钻探技术》一书中介绍说：1818 年根据物理学家的建议，法国农业部创立了钻探专用基金。1830 年巴黎钻探技师杰古谢在图尔地区钻成了一口 120 m 深的自喷水井。1833 年巴黎市政府开始组织地下水钻探工作，到 1839 年井深已达 492.5 m，此后实现了用套管加固孔壁，从而进一步加深了钻孔深度，到 1841 年 2 月 26 日已钻至 548 m 深的含水层，从孔里涌出的喷泉高达 33 m。因此钻探技师缪洛被王室授予最高的法兰西奖励——光荣军团勋章。1855 年在巴黎曾钻成 528 m 深的孔，日产水量 15000 m^3。

第二节　钻探技术体系的主要特征

一、石油钻井技术体系

石油钻井技术体系的特点如下。

①地层以沉积岩为主，多为陆源碎屑岩（砾岩、角砾岩、砂岩、粉砂岩）、碳酸盐岩（灰岩、白云岩）、泥质岩（泥岩、页岩），很少遇到玄武岩、硅质岩等较坚硬的岩层；其基本特点是地层层理明显，产状多数近水平，也有高陡构造；由于地层与地表连通的静液柱压力或由于构造封闭往往形成或高或低的地层压力。

②钻井深度从数百米至数千米。

③钻孔口径较大，标准的终孔口径为 $\phi 216$ mm，开孔口径则取决于地层的复杂程度，一般在 $\phi 311 \sim 445$ mm，有时达 $\phi 712$ mm。

④钻进工艺方法以不取岩心的全面钻进为主，在参数井或勘查井的重要地层中会少量采取岩心；钻头转速比较低，钻压和泵量比较大。

⑤钻进系统以牙轮钻头、复合片及聚晶钻头全面钻进为主，少量使用天然表镶钻头。

⑥钻机、泥浆泵、钻塔、动力系统、固控系统等大型化、自动化、智能化钻柱强度高，大量应用高质量套管，井下各类钻具齐全；井口安装有防喷器。

⑦冲洗液种类多，由于要平衡地层压力和保护井壁对泥浆的密度、黏度、失水量等性能指标要求高；固相控制要求高；现场泥浆管理很严格。

二、科学钻探技术体系

科学钻探技术体系的特点如下。

①地层。由于科学目标十分广泛，钻遇地层复杂，沉积岩、火山岩、变质岩均能遇到，但以坚硬、破碎、复杂的结晶岩为主（与地质岩心钻探钻遇地层相近）；海洋科学钻一般在洋壳中进行，洋壳一般是较新的沉积地层，由于洋壳较薄，最有可能钻入地幔层。

②钻井深度。不同科学目标的钻井深度差异很大，湖泊、环境科学钻探钻孔较浅；大陆科学钻探深度较大，一般在数千米以上，甚至超过万米；海洋科学钻探上部有数百米到数千米的海水阻隔，钻入洋壳的深度在数百米到

数千米甚至万米以上。

③钻孔口径很大，一般开孔时达到 $\phi 500 \sim 700$ mm，终孔在 $\phi 150 \sim 216$ mm；海洋科学钻探口径还要大。

④工艺方法。取心、取样、获取地下信息要求很高，大陆科学钻探一般采用地质岩心钻探取心和石油钻井工艺两者相结合的工艺方法，称为组合式钻探技术；湖泊、环境和海洋科学钻探大量应用保真取心技术；超前孔裸眼取心钻探配合扩孔钻进是科学钻探最常用的钻探方法。

⑤钻进系统在结晶岩地层以孕镶人造金刚石钻头为主，少量使用天然金刚石和超硬复合材料表镶钻头；在沉积岩地层少量不取心井段使用牙轮钻头，取心井段采用复合片钻头。

⑥采用超高强度钻具，有时使用大直径绳索取心钻具，也可使用铝合金钻杆，海洋科学深钻使用被称为"隔水管"的特殊钻具；万米以上超深孔钻柱的设计与制造将是对人类在材料学、冶金学等方面技术进步的极大挑战。

⑦钻机既需要高转速较小扭矩，又需要低转速大扭矩，一般采用加装高速顶驱系统和精确控制钻压的大型石油钻机，此钻机电液气控制程度高，监测系统完善。海洋科学钻探采用特殊钻探船；湖泊钻探采用专用钻探船；环境科学钻探钻机与一般工程勘查钻机相似，但取样钻具齐全。

⑦冲洗液以耐超高温、低切力、低失水的低固相泥浆为主，技术性能指标要求很高，固相控制要求高。

⑧科学钻探对获取地下信息要求很高，会采用最完善的测井仪器和最先进的随钻测量仪器，仪器需要耐受超高温、超高压。

三、地质岩心钻探技术体系

固体矿产地质岩心钻探（含坑道岩心钻探）是历史最悠久、应用最广泛的一种钻探技术体系，其主要有以下几点技术特征。

①钻遇地层最为广泛。固体矿产有能源矿产，黑色、有色及贵金属矿产，非金属矿产，由于成因不同，沉积岩、火山岩、变质岩均能遇到，但以坚硬、破碎复杂的结晶岩为主。

根据固体矿产开采技术的要求，勘查钻孔深度多数在 1000 m 以内，近年来深部矿床勘查工作需求日增，超过千米的钻孔越来越多，我国已出现一批 2000～3000 m 的深孔，正向 4000～5000 m 孔深发展。

②钻孔口径小，一般终孔口径为 $\phi 0 \sim 95$ mm，开孔口径一般在 $\phi 150$ mm 以下；矿山坑道钻的孔深和口径一般比地表钻探更浅、更小。

③取心是矿产勘查钻孔最显著、最基本的特点，根据地质勘查规范的要

求，一般穿过地表覆盖层后即采取全孔取心钻探。

④在工艺方法方面，以金刚石或硬质合金钻头取心钻进方法为主体，可扩展绳索取心、液动锤取心等方法。无岩心钻探仅在上部地层或煤炭等少数矿种中使用。矿床勘查和地质填图工作中还可以采用空气反循环连续取样钻探方法和水力反循环连续取心钻探方法，以提高勘查效率，降低钻探成本。

⑤钻进系统。碎岩工具中硬地层以金刚石孕镶钻头和扩孔器为主，软及中硬地层多使用硬质合金或金刚石复合片、聚晶等超硬复合材料制作的取心钻头。采用与钻孔口径相适应的满眼薄壁钻杆和取心钻具，当今已经普遍应用绳索取心钻进系统。钻机要求轻便，易于搬迁，需要高转速、较宽的转速范围，长给进行程，精确控制钻压。泥浆泵需要较小泵量和较高泵压冲。冲洗液以低固相为主，技术指标要求较低，复杂地层和深孔对冲洗液有特殊要求。砂矿钻探由于其地层的特殊性，有时会采用以冲击方法为主的工艺，相应的钻进系统与上述方法略有不同。空气钻进具有与地质岩心钻探相同的特征，其技术体系的构成基本相同。

第三节　钻探技术在地质勘查中的应用

一、用于地质勘查的钻探技术

在地质勘查中要使用坑内钻探技术和地表钻探技术。

多年以来，在寻找及评价矿床方面，金刚石钻机一直是最重要的勘查工具。为了扩大所能提供的服务范围，同时抵消上涨的钻探成本，人们连续开发了一些新技术。这些新技术有许多已在坑内和地表勘查中得到同样的应用。

过去，为节省辅助时间和成本，使用了绳索取心钻进。这一原理于 20 世纪 40 年代首次被提出，但只是在最近几年才被证明是成功的。

目前人们正继续研究和改进一些其他的技术以试图降低钻进成本和提高操作效能。一些最近的革新，如特殊钻井液、特种岩心管及钻头、铝钻杆和长距离控制造斜等，都有了相应的应用。

在过去十年中，长倾斜的坑道钻孔，如超过 500 m 深，已是很平常的了，称这种钻孔为长距离定向钻孔。作业人员的想法是利用传统的楔子或钻孔自然偏斜规律，使钻孔向某一方向偏斜，以保持钻孔沿预定轨道钻进。利用钻孔的自然偏斜可能是最重要的方面，作业中取得成功与否，完全依赖于钻孔产生自然偏斜的程度。偏斜这一术语只用来表示钻进过程中不应有的偏移，而导斜这一术语指的是钻孔方向按设计要求改变。由于自然偏斜在定向钻进中很重要，所以详细讨论其产生的原因是有必要的。目前已经发展了各种各样的技术来协助加强自然偏斜和有计划的导斜。

（一）坑内钻进

1. 钻孔导斜

在定向钻孔设计和施工时，通常更加强调的是自然偏斜而不太强调人工导斜。人工导斜可以使用传统的造斜楔和引起偏斜的因素来引导钻孔朝向目标。

使用传统的楔子来改变钻孔的方向是最常用的导斜技术。一般一个楔子最大可导斜 1°30′，而为了获得较大的角度，常采用一组楔子相互靠近安放的方法。除了重新纠正已偏斜了的钻孔之外，造斜楔还用于使钻孔偏离其原来的方向。后者应用于从主孔导斜钻出分支孔以获得与矿体的多个交点。

下楔子是不便宜的，但在钻孔中使用金属楔子，有报废钻孔的可能。因此，建议在有可能的地方限制下楔子，而更多地利用钻孔的自然偏斜。

在定向钻进中，钻孔导斜的奥秘在于控制钻头上的压力。严格地控制钻压以确保在钻头上没有过大的压力是最重要的。在钻头上施加过大的压力则会造成过大的钻孔偏斜，结果可能与目标层不相交。然而当需要钻孔更加上漂时，钻压也可加以利用。如有必要，利用增加钻压以迫使钻孔朝向偏斜方向钻进，这是钻井人员常用的方法。

2. 钻孔测斜

金刚石钻进过程中，为获得有关钻孔钻进情况的最佳信息，要对钻孔进行测斜。

目前人们使用了各种不同的测斜仪，所要测的数据是偏离垂直方向的倾角和磁方位角（方向）。这些测斜数据连同测点的水平和垂直位置，用于推断钻孔轨迹的其他情形。这可以用数学的、图解的方法或借助计算机程序来完成。

地层测量是任何勘查计划的一项重要工作，包括确定地层理面及断层的倾向和走向。

在定向钻进过程中应当按一定间隔进行正常钻孔测斜和地层测量。在任一给定点上的地层倾向及钻孔状况都应该这样，因为这可能对那一点的自然偏斜有影响。能得到钻孔的倾角和地层倾向的数据，就可计算出自然偏斜的程度。用这些资料可做出有关钻孔定向的任何决策。

3. 钻孔偏斜

各种不同的力和地层条件往往会引起钻孔偏斜,下列因素必须加以考虑。
①已磨损的钻杆其直径比钻孔小。
②钻孔通过层状岩层。
③钻孔通过软硬交替岩层。
④钻头类型、钻进速度和钻头压力等因素对钻孔偏斜的影响。

引起钻孔偏斜最坏的原因是上述的②和③,而②是最难控制的。在讨论这些因素之前,说明一下钻孔的自然偏斜是必要的。

自然偏斜是钻孔往某方向偏离的趋势,而这种方向的改变完全不是作业人员所设计的。软硬交替的层状地层对偏斜程度有影响,而为了成功地执行定向钻进计划,充分利用自然偏斜是主要的。

在任一给定地区的自然偏斜的调查中,必须记住,所有超过 500 m 的钻孔都有转向垂直于岩层的趋势。实际表明,岩层倾角越陡,岩心与层理交角就越大,使得钻孔更易朝向岩层钻进。钻孔穿入岩层的角度叫作遇层角。

在定向钻进施工计划中,钻进的初始阶段和最后阶段的遇层角应分别加以确定。在初始阶段,钻孔应钻得尽可能的直,延深至矿体底盘,以一定角度切入层面。应该采取一切预防措施,以使钻孔达到一定深度(如 500～600 m)不致偏斜。在最后阶段,钻孔应该任其偏斜。由于钻孔具有更加垂直于层面的倾向,钻孔将会上漂。

在钻进施工的最初阶段,钻孔切入层理面的角度是非常重要的。如果角度太小钻孔可能偏斜太快而上漂,结果钻成一个浅得多的孔以致达不到目标。如果角度太大,钻孔可能朝着与原设计相反的方向偏斜,结果使钻孔不能与目标相交。由于这个角度的重要性有的地方就将其看作临界角。遗憾的是,这个角度不能计算出来,而且从地区到另一地区随所在地区岩层的倾角而变化。以往钻的钻孔的资料表明,在奥兰治自由帮金矿区采用 16°～20° 的临界角是成功的。

所以在定向钻进施工中,为取得最佳效果,开孔角度应大于岩层倾角而介于 16°～20°,而且应先钻进到矿体下盘。钻孔应当保持约 600 m 直孔没有偏斜,允许偏斜按设计与目标相交。

引起偏斜最坏的原因是在层状岩层中出现软硬夹层。在硬岩中钻孔趋向于变陡,因为通转运动的支点产生在钻头的最低点,沿钻孔上帮磨损最大。相反的情形,即在软岩层中钻进时,钻孔向上漂。除了地层有软岩层之外,在层理面上出现软物质也促使钻孔向着层理面偏斜。

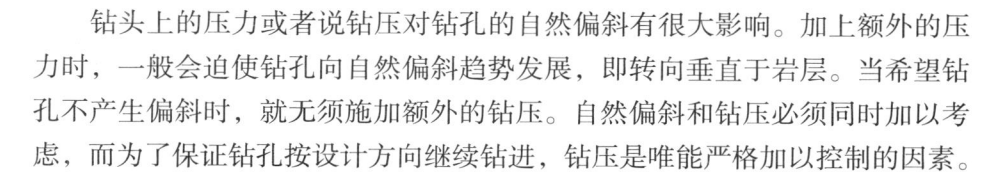

钻头上的压力或者说钻压对钻孔的自然偏斜有很大影响。加上额外的压力时，一般会迫使钻孔向自然偏斜趋势发展，即转向垂直于岩层。当希望钻孔不产生偏斜时，就无须施加额外的钻压。自然偏斜和钻压必须同时加以考虑，而为了保证钻孔按设计方向继续钻进，钻压是唯能严格加以控制的因素。

（二）地表钻进

1. 前导钻孔

不取心前导孔钻进到一定深度，然后继续用金刚石钻进，其结果可以大量节省时间和费用。用雪姆（Schramm）型转钻机可以在不到一周时间之内钻进到大于 1000 m 深的深度，而同样的深度金刚石钻孔需花费大约三个月的时间。钻一个 500 m 不取心前导孔花费的时间不超过两天，两个 500 m 金刚石钻孔则需超过一个月的时间。时间节省是如此之明显，所以无须进一步详细叙述。

费用的节约是较为复杂的问题。虽然金刚石钻进的成本总是高于不取心钻进的成本，但还必须考虑钻孔最终成本的各种其他因素。在一项深入的调查中，考虑到所有的因素（套管是主要因素），表明了在软岩层（如卡鲁地层）钻进，不取心前导孔的成本总是比金刚石钻孔低。在不需下套管的硬岩层中钻进时，金刚石钻进就比较便宜。

为了节省时间和资金，在必须下套管的软岩层钻一个不取心前导孔到其底部，而在硬岩层用金刚石钻进，是较为理想的。无论如何，当费用无足轻重而时间是主要因素时，在开始用金刚石钻进之前，以前导孔钻进至最大深度是有利的。在前导孔钻进过程中，可以很好地进行岩石类型的记录。由于钻出的岩屑不断从钻孔中靠空气压力排出，因而可以在任何深度上收集到能代表岩石类型的样品。

2. 专用钻井液

种类众多的钻井液可以在市场上买到，包括膨润土、云母片、羧基甲基纤维素等。在某些钻孔中以必要的专门知识使用这些材料，可以得到很大好处并节约费用。

当出现如水漏失、坍塌地层、膨胀性页岩或不规则偏斜等问题时，应当召请解决这方面问题有经验的钻探操作人员，征求必要的建议，选用合适的钻井液。使用正确的钻井液，可以在问题发生之前予以防止并且明显地节约时间和资金。

使用钻井液同时也可延长钻头使用寿命，为钻探公司节约费用。

3. 绳索取心钻进

在绳索取心钻进过程中，钻杆留在孔内，只有岩心管是用绞车和钢绳从孔内取出。岩心管倒空后，再以同样的方法放回。这种方法由于只有在不得不更换钻头时才将钻杆柱从孔内提出一次，所以明显地节省了时间。这一方法并未节省直接费用，钻进成本相同，但由于增加了钻进速度，钻孔在较少的时间内竣工，因而降低了间接成本。

绳索取心钻进唯一的缺点是在钻孔中往往会产生不规则的偏斜。用这种方法钻成的 1500 m 深孔可以偏离垂直方向大于 40°。如果在一勘查地区，岩层的倾斜和走向是已知的，则在进行细心设计条件下这种不规则偏斜可以转化为有利条件。

4. 铝钻杆

用铝合金制造钻杆是一项比较新的技术。这种铝钻杆比普通钢钻杆轻得多，在一些钻孔钻进中使用得很成功。现在这种较轻的钻杆，可以使小钻机钻到远比过去所能钻的深得多的深度。

使用铝钻杆可以间接节省费用，特别是在坑道钻进中就不需要用大钻机开凿洞室，小钻机和铝钻杆能完成同样的作业。在地表钻进中，当得不到大钻机或地形通不过而不可能运进大钻机时，这种铝钻杆迟早也会得到应用。

5. 岩心管和钻头

特殊的岩心管是为了满足专门作业需要而设计的，有单管、双管及三重岩心管多种岩心管可供使用，长度从 1.5～18 m。双管及三重岩心管是按以下方式设计的，即当外管相对于内管单独旋转时，内管稳定不动。使用短的、不易弯曲的岩心管，可以使岩心管上部钻杆的晃动程度降到最小。因此，在极易碎地层也可获得很好的岩心采取率，而且在某些所要求的岩层内，靠使用合适的岩心管，可以取得 100% 的岩心采取率。这样也可以避免矿脉带上方的不必要的造斜，节省大量的时间和费用。钻头的研究是一个连续不断的过程，而且新的和更好的钻头正在试验和投入正式生产。为了适合特殊地层的钻进，可以设计用于绳索取心钻进的新型孕镶金刚石钻头。在这种地层钻进，钻头钻进深度可能超过 60 m。在不重要的地层遇到不利的地质条件时，可以使用侧钻钻头和其他专用不取心钻头。使用这一方法虽然得不到岩心，但进尺较快。因此，是否应当采用不取心钻头进行钻进，必须在钻进开始前对每一钻孔分别加以考虑。

6. 钻头侧钻

侧钻钻头重点用于大角度造斜，特别是这种钻头后边直接配用 B 规格的钻杆时更是如此。必须指出的是，这些专用的钻头仅对某些类型的岩层有效，而不是任何类型的地质条件都适用。在打算进行长距离造斜之前应当征求专家的指导。侧钻钻头的唯一缺点是成本高，而且事实上是一种不取心钻头。但由于在这样的造斜过程中比平常使用较少的楔子，时间上大为节约，从而弥补了它的高成本。

目前正在使用并取得很大成功的第二种类型钻头是新型 BX 到 B 规格的沿楔子钻进的锥形钻头。使用这种钻头，免去了在插入楔子之后使用牛鼻形钻头的必要。这种钻头的锥形头部保证了钻头沿楔子面钻进而不会顺向钻穿楔子。这样可预期达到最大偏斜，如果在这种钻头后直接用回转器和 B 规格钻杆带动，造斜作用会加强。必须再次强调，这种方法并不是在各种条件下都会同样取得成功。也再次说明，使用较少的楔子和不必使用牛鼻形钻头，得到了时间上的节约。由于不牵涉额外的费用，楔子费用的节约是明显的。

7. 造斜楔

虽然在不同的矿脉上或由于地层的原因而进行造斜钻进时，通常使用下楔子的方法，然而造斜楔有时也用于主孔以保持其直度或使钻孔往某一方向偏斜。定向楔子按某一方位安放，以使钻孔向所要求的方向偏斜。

为了最大程度地控制长距离造斜，首要的是楔子放置的方位应该正确。为了增加钻孔的偏斜，已设计出多种不同的钻头。

8. 冲洗介质

在过去的 20 年间，英国在使用空气洗井钻进方面已经积累了丰富的经验。我国相关部门坚决主张使用空气冲洗来减少水罐车横穿矿区的运输并减少钻进用水的抽水工作和处理问题。

空气冲洗使切屑从钻头唇部清除得更快和效率更高，这有助于减小钻头磨损和提高钻速。由于空气对孔壁的冲蚀比水小，因此减少了对套管的需要。切屑的高速返回有利于精确地对地层变化和厚度进行录井。岩心管和钻头都已得到改进以适应空气冲洗钻进，只要使用正确的装置，任何地层都能令人满意地取得岩心。

最新的技术是泡沫钻进，泡沫冲洗液是一种空气加水与起泡剂、聚合物添加剂的湿合物，主要优点是与其他任何冲洗介质相比所需的空气和水量小。良好的泡沫冲洗液具有许多小气泡，很像一种刮脸乳剂，每一个气泡可以扦起切屑并把它们一直携带到地表，虽然返回流速可以低到 10 m/min，但在钻头处的清除作用是迅速的和高效的。这样慢的回流速度不会引起对孔壁的冲蚀，如果添加了聚合物稳定剂，则同样对孔壁起到稳固作用。当加新钻杆或岩心管被提出时，良好的泡沫冲洗液将保持切屑处在悬浮状态。

对于使用牙轮钻头或潜孔锤进行不取心钻进，可用泡沫来减少总的空气需要量，空气压缩机的能力只需达到额定排气量的 20%～30%，这能够显著地减少运转成本和后勤供应问题。可以用一台 120 立方英尺/分的压缩机，每分钟加 3.3 L 的泡沫混合液，使用直径为 127 mm 的钻杆钻进直径为 508 mm 的钻孔。无毒的和具有生物分解作用的起泡剂和聚合物都可买到，在钻进最后的几小时内，所有的泡沫将破除，仅剩下细小分散的沉积切屑。

二、用于矿产勘查的钻进技术

（一）钻机和取样技术

近几年，人们已放弃老式常规的双油缸液压给进装置，这种给进装置的给进行程有限，只有 500～915 mm。许多现代化钻机至少具有 1.5 m 或最好是 3 m 的给进行程，以便于最多倒一次立轴，岩心管就能够装满岩心。多功能的动力头钻机具有较大范围的回转速度和扭矩，适合于各种钻进工艺和高效地进行下套管作业。一些制造厂商都生产这种钻机。具有 1.5 m 给进行程和转速高达 2400 r/min 的坑内轻便钻机正受人们的欢迎。这些钻机大多数具有一些拧卸钻杆丝扣的机械辅助设备和可能有钻杆拉送装置，这对于减少体力劳动都是有帮助的。在一些国家这样的钻机仅有一个人操作，甚至可钻进 1000 m 深。

除了需要取岩心的地层外，从地表到整个钻孔深度都取岩心的传统方法正在被淘汰。许多地表钻孔采用孔底全面破碎方法钻进，此方法与岩屑或岩粉录井以及限于特定地层的取心钻进相配合进行。在坑内钻探中，输送所需的大量的压缩空气或水是最困难的，而且岩粉可能是一项主要的危害，因此全孔取心仍然是相当普遍的。在非常坚硬的岩层中孔底全面破碎方法可能还是最经济和最快的钻进技术。

（二）不取心钻进

这是一种迅速的和比较便宜的钻孔方法，而且一个熟练的钻工能准确地记录地层变化的深度，还能可靠地记录矿层深度和厚度。但这种钻进方法很难用来获得有关矿的质量的资料。潜孔锤钻头、刮刀钻头或牙轮钻头用于空气洗井钻进时，钻进速度可高达 20～40 m/h，几乎全部岩样被回收。但是由于孔壁的塌落或冲蚀，岩样可能有混杂或丢失，此外，岩屑可能漏失到裂缝或节理中，或者可能直接粘在孔壁上。

地下水会给排除钻孔中的岩屑带来一些问题。少量的水可能产生黏稠的岩屑，岩屑在钻杆或钻铤上形成泥环。孔内大量的水流需要较高压力的压缩机来排升到孔外，使测井工作更加困难，因为岩样的颜色或成分的变化很难看出来。

采用空气洗井钻进，1200～1800 m/min 的空气上升速度几乎可以使岩屑即刻上返，因此上返到孔口的滞后时间很短。采用清水或泥浆冲洗，上返速度为 25～40 m/min，已考虑到钻孔深度的需要。潜孔锤、刮刀钻头或牙轮钻头采用空气冲洗钻进可以切削出 5～15 mm 大的岩屑，采用水和泥浆冲洗很少切削出大于 2～3 mm 的切屑。

最新的设备和技术方面的发展为地质学家提供了广泛的可选择的方法来解决钻探问题。由于有广泛的钻探器材可选用，以较少的时间和成本钻进到较大的深度都可取得较好的效果。本书拟概述这些发展和提出它们的用途和局限性。所叙述的钻进技术包括反循环取样钻进、金刚石孕镶钻头和聚晶金刚石钻头取心钻进、反循环冲洗和深孔钻进以及用泡沫和聚合物做冲洗介质的钻进技术。

（三）螺旋钻进

螺旋钻进提供了一种在广泛的沉积岩地层中不需要任何冲洗介质的快速钻孔方法。螺旋钻有三种基本类型：连续旋翼式螺旋钻、空心钻杆螺旋钻、竖桩坑螺旋钻。

用连续旋翼式螺旋钻钻进时钻出的泥土和岩石通过旋转运动沿着螺旋片输送到地表。对于大批量采样这项技术是十分可靠的，但在砂层和岩石层中可能有些细屑。其主要问题是切屑不都是以相同的速度向上运动，因为有一些垂直方向上的混样，同时岩样可能丢失到孔壁中或从孔壁上混入杂质。可以改变螺旋钻旋转速度来控制岩屑沿螺旋片移动的速度，同样也可通过使用具有不同螺距的螺旋钻来控制岩屑移动速度。如果螺旋钻保持在一个固定的深度和慢慢地增加转速，则在螺旋片上的所有东西通常会上升到地表，但这不可能总是有把握的，而每个钻进地点可能产生不同的结果。

空心钻杆螺旋钻有一个连续的外部螺旋片，它的切削方式同标准的连续旋翼式螺旋钻相同，但它有一可更换的中心导向钻头。该钻头可以借助钻杆或通过绳索式的打捞器收回。任何形式的空心取样工具都能通过空心的螺旋钻工作，在螺旋钻头的前部进行取样，或者也能够通过螺旋钻下入岩心管，该螺旋钻起套管的作用。在美国它被广泛地用为一种快速简易的套管回收形式。

竖桩坑螺旋钻有一不长的螺旋片，一般有 380～760 mm 长，采样时以低转速钻进一定距离，大约为螺旋片长度的 75%，即 280～560 mm。从理论上说这一切削长度的所有泥土和岩石都保持在螺旋片上，挖出的泥土和岩石慢慢地被提升到地表后即可清除。一般不推荐比钻机回转器的行程还大的钻进深度，因为如果必须停止钻进和从钻杆柱上卸下钻杆，那么很有可能将钻屑失落到螺旋片下，这就成了一种缓慢而费力的方法。

螺旋钻必须以 20～60 r/min 的转速回转及具有 300～1500 N·m 的扭矩。直径为 36.6 cm 的螺旋钻需要 3600 kg 的向下压力。螺旋钻最适宜在具有比较长的给进行程的顶部多功能钻机上使用。

螺旋钻钻头可能有各种各样的切削齿，但如果使用镶有碳化钨合金镶接块的切削齿，那么就能成功地钻进在漂砾黏土中的花岩卵石上。

（四）反循环取样钻进

反循环取样钻进通常使用空气洗井，是因为它有较快的机械钻速和带有较大切屑的高速返流，但它也可以使用清水、泥浆或泡沫洗井。

在该系统中，双壁钻杆引导空气由其环状空间向下送，在钻头上方空气转向流到外部和流过钻头切削面，把所有的切屑冲扫到钻头中心并沿内管向上回。切屑通过排屑胶管进入取样旋流器，被沉降分离出和收集到适当的容器中。

所用的钻头可以是三牙轮钻头、碳化钨刮刀钻头，或镶有金刚石或碳化钨合金镶块的取心钻头。在某些地层中取得从中心管中吹上来的岩心是完全可能的，此时排屑鹅颈管和胶管必须有合适的直径而且无急弯，允许岩心柱通过而不被卡住或过分破碎。使用一个稍加改变的底端组件，潜孔锤即可连接在中心取样管上进行钻进，切屑和岩粉的收集方式和牙轮钻头钻进时一样。

中心取样管可以有多种规格，最大外径为 228.6 mm，但最常用的是以下几种（外径×内径）：88.9 mm×44.0 mm、114.3 mm×62.7 mm、139.7 mm×82.6 mm。

钻头规格是关键性的因素，配外径为 114.3 mm 英寸中心取样管所用的钻头的外径是 120.65 mm。在钻头后面是一个耐磨套，其外径稍大于钻头外径，气流顺着最小阻力的通路从 63.5 mm 的中心取样管向上流动。钻孔开孔时，少量的空气上逸到孔外，但钻进 3～4 m 深之后，全部空气经中心取样管上返。

用空气冲洗时，中心取样管中空气的上返流速是非常高的（一般为 3600～5500 m/min），因此实际上可使切屑立即返出。这样高的流速会导致内管的磨蚀，因此使用 3～4 年后可能需要更换。由于岩样没有混杂和总的采样率在所钻体积的 99% 以上，所以这是一种非常可靠的取样方法。在加拿大和美国，空气洗井被广泛地用于许多类型的矿床和煤矿的品位控制采样。采样唯一的正常损失是从旋流器净化空气排放中漏掉的极细的岩屑，然而使用现代设计的旋流器，这些损失可以小于岩屑体积的 1%。

反循环取样钻进的主要缺点是钻杆比较重，如外径 114.3 mm 的钻杆质量规格为 31.6 kg/m，钻机上应该有钻杆操作装置或摆头回转器，以便把钻杆水平地放倒。大部分钻机能够适合于采用侧面入口的气龙头和中心排放软管，但在具有空心主轴的动力头钻进上使用最方便。优质的中心取样钻杆也是昂贵的，但它非常耐用且使用寿命长。

（五）砂泵螺钻钻进

这是有点老式的，然而是传统的工程地质钻探技术，除某些砂层和砂砾层勘查之外很少用于矿产勘查。这种钻进方法能获得大批量岩样，但免不了存在一些垂直方向上的混样，往往损失一些细屑。只有底端开口的或有阀的取样器可以取得非常好的黏土或其他软料性地层的岩心。阀式取样器可以保持完整的一段岩样，但通常存在某些混样，这往往是取出岩样时引起的，除非岩样装在一个分离的塑料衬套内。

（六）反循环洗井钻进

水井钻探行业已经使用反循环洗井技术多年。这项技术现已用于某些矿产勘查工作并改名为反循环冲洗钻进。这种钻进技术一直在盐/钾盐、铅/锌或煤矿开采坑道中使用。将一根套管用水泥固定在孔口或用膨胀橡胶密封固定，在坑道工作面处的一个盘根盒上有一冲洗介质侧入口，绳索取心钻杆穿过密封压盖，冲洗介质从钻杆外部泵入，通过钻杆内部携带着岩心和切屑回转，从钻杆的开口端连续不断地排出。

在富含盐/钾盐的矿山，800～1200 m 深的钻孔通常在 10～12 天内钻成，一个取心钻头可以完成数个钻孔。大多数钻孔的倾角是 ±25°，但已钻进过 660 m 深的垂直向下孔，岩心采取率达 100%。

一个主要的困难是钻孔的垂直偏差控制。水平偏差从未超过钻孔总长度的 5%，这是一个次要问题。−20° 或较大倾角的钻孔产生事故少。钻孔超过 500 m 深时垂直偏差保持在 −20°～+15° 范围内是有问题的，曾记录到此深度的垂直偏差高达钻孔总长度的 25%。通过改用较重的绳索取心钻杆和正确地安置钻杆稳定器，目前偏差已被控制，很少钻孔的偏差大于它们总长度的 5%，即钻孔长度 1000 m 时偏离目标 50 m。

（七）长孔钻进

这是一种正在发展的技术，用于探明在很大水平距离范围内矿层的连续性。

英国煤炭部有一个工作队在研制沿煤层钻进 1000 m 长钻孔的技术和设备。传感器发送回伽马射线测井读数，指示出煤层或岩石，同时采用了各种控制钻孔方向的技术。通过改变轴向力和转速度，可以使钻头上漂或下垂，在煤和钾碱矿中已取得了一些成功。

孔底动力机也得到了应用，其钻杆柱不回转，钻进冲洗介质直接驱动。孔底动力机是装置在钻杆下端钻头之上，直接驱动钻头旋转。

在德国，回转钻进采用不同的轴向力和转速度相配合，加上最后孔段使用孔底发动机钻进，完成了一个 1770 m 深的钻孔，偏离目标的距离小于 7 m。

第八章 物化探技术及其在地质勘查中的应用

随着社会的不断发展，矿产资源的开发力度逐渐增大，且开采步伐越来越快，在这种情况下，为了实现精准、高效率的开采，可采用物化探技术进行地质找矿和勘探。在具体的地质找矿和勘探中，通过物化探技术，可实现精准、真实和有效的勘探，并且在具体的找矿和勘探过程中，几乎不会造成损坏，具有较大的应用价值。

第一节 金属矿勘查中常用的物化探方法

一、地球物理勘探

在多金属矿产资源勘查中，地球物理勘探是最重要的技术手段之一，铜、铅、锌等金属硫化物矿床及与硫化物密切相关的金、银矿床是我国目前有待发现的矿种，综合物探是寻找这类矿产资源的最常用的勘探方法，在前期的找矿工作中发挥了重大的作用。地球物理勘探工作按工作环境可以分为地面物探、航空物探、海洋物探和地下物探。虽然航空物探由于探测技术的不断提高和飞行载体的飞速发展，近年来发展势头异常迅猛，应用领域也在不断扩大，但目前金属矿产资源勘查工作中用到最多的还是地面物探。地面物探按所探测物性参数的不同又可划分为重力勘探、电法勘探、磁法勘探、放射性勘探和地热勘探。目前在金属矿产资源勘查中应用最多的是前三类。

（一）重力勘探

1. 方法原理及适用范围

重力勘探是以岩、矿石密度差异为物质基础而形成的勘探技术。由于密度差异会使地球的正常重力场发生局部变化（即产生重力异常），观测和研究重力异常，就能达到解决地质问题的目的。其应用条件有以下几种。

①探测对象与围岩要有一定的密度差。

②岩层密度必须在横向上有变化，即岩层内有密度不同的地质体存在，或岩层有一定的构造形态。

③剩余质量（地质体的剩余密度和它体积的乘积称为地质体的剩余质量）不能太小（即探测对象要有一定的规模）。

④探测对象不能埋藏过深。

⑤干扰场不能太强或具有明显的特征。

近年来重力观测仪器与 GPS 三维定位技术相结合，解决了中高山、戈壁等地区的定位问题，可直接测出重力差值，具有自动读数、自动记录、自动改正等功能。观测精度和分辨率大大提高，由毫伽级（mGal）提高到了微伽级（mGal）。

在理论上说，凡是能够在地下空间产生介质密度变化的地质体、地质构造或其他地质现象均可作为重力勘探的对象，但由于实际地下情况的复杂性以及仪器观测精度的限制，重力勘探传统上一般应用于大构造、大地质体的探测。值得一提的是近十几年来，由于仪器制造工艺水平的提高，出现了微伽级高精度重力仪、诞生了微重力测量学，并且随着计算机技术的发展，异常反演理论方法得到了前所未有的发展，这些变化极大地拓宽了重力勘探的应用范围，增强了勘探的成功率。如今，重力勘探在金属矿产、油气资源、水文与工程等诸多领域也发挥着越来越重要的作用。应用高精度重力仪进行大比例尺的观测，在寻找金属矿方面有了很大成功。铬铁矿、硫铁矿等金属矿产具有比围岩密度多得多的特点，如果规模达到一定程度，它们在大比例尺重力异常图上会有明显的反应，国内外已有很多这类成功应用的实例。

2. 重力异常解释常用的方法

对重力异常进行解释常用的方法有正演、反演、上延、下延等。

①正演：已知地质体的形状、产状、物性参数，求场（异常）的分布。

②反演：已知场（异常）的分布特征及变化规律，求场源的赋存状态（如产状、物性参数、埋深等）。正演的解是唯一的，反演则具有多解性。

③上延：向上延拓，即将观测平面上的实测异常值，换算到观测平面以上某一高度上。其目的是压制浅而小的地质体引起的局部异常，削弱局部异常突出深部地质体的区域异常。

④下延：向下延拓，即将观测平面上的实测异常值，换算到观测平面以下场源以外的某个深度上。其目的是压制深部地质体的区域异常，相对突出浅部地质体的局部异常。目前，在重力数据处理和异常定量解释方面，由传统的方法发展了变密度地形改正，小波变换分解重力场，弱异常增强与提取

和图像处理等新方法、新技术。

重力勘探在预测金属矿床方面有两个途径：一是在有利条件下研究矿床（矿体）直接引用的异常，即直接找矿，在这方面国内利用重力资料发现过赤铁矿、磁铁矿、铬铁矿、块状硫化物矿床等；二是研究对金属矿床赋存具有制约作用的岩体、地层或构造，进而来推断矿体的位置和远景，即间接找矿。

（二）电法勘探

电法勘探是以岩、矿石的电学性质（如导电性）差异为基础，通过观测和研究与这些电性差异有关的（天然或人工）电场或电磁场分布规律来查明地下地质构造及有用矿产的一种物探方法，俗称"电法"。电法勘探的特点，可用"三多"来概括。

①可利用的物性参数多。导电性、电化学活动性、介电性、导磁性等。

②利用场源多。人工场（包括直流、交流）和天然场。

③方法种类多。传导类电法勘探（直流电法）研究稳定电流场，感应类电法勘探（交流电法）研究交变电流场。

传导类电法勘探又可细分为电阻率法、充电法、激发极化法、自然电场法；感应类电法勘探又可细分为低频电磁法、频率测深法、甚低频法、电磁法、大地电磁法。这其中以电阻率法、激发极化法和电磁法在找矿勘探中应用较多。

（1）电阻率法

电阻率法是建立在地壳中各种岩、矿石具有各种导电性差异的基础上，通过观测和研究与这些差异有关的天然电场或人工电场的分布规律，从而达到查明地下构造或者寻找有用矿产的目的，又可进一步细分为电剖面法和电测深法。

电剖面法又包括中间梯度法、联合剖面法、对称剖面法和偶极剖面法。其中，中间梯度法主要用来寻找陡倾的高阻薄脉（如石英脉、伟晶岩脉等）。联合剖面法主要用于探测产状陡倾的良导薄脉（矿脉、断层、含水破碎带）及良导球状矿体。电测深法，又名电阻率垂向测深，是以岩、矿石的导电性差异为基础，分析电性不同的岩层沿垂向分布情况的一种电阻率方法。

电剖面法是在测量过程中保持供电电极不变，使整个或部分装置沿测线移动，逐点观测，以了解某一深度范围内不同电性体沿水平方向的分布，而电测深法是在同一点上逐次扩大供电电极距，使探测深度逐渐增大，以此来得到观测点处沿垂直方向上由浅到深的视电阻率变化情况，主要用于探测水平（或倾角不超过20°）产状的不同电性层的分布（如断裂带、含水破碎带等）。

（2）激发极化法

激发极化法简称激电法，是以地下岩、矿石在人工电场作用下发生的物理和电化学效应（激发极化效应）差异为基础的一种电法勘探方法。其技术特点如下。

①能寻找浸染状矿体。

②能区分电子导体和离子导体产生的异常。

③地形起伏不会产生假异常。

激发极化法分类与电阻率法一致，在实际工作中，激电异常的评价非常重要。所谓激电异常评价，就是通常说的定性解释或"区分矿与非矿异常"，它也是激发极化法生产中经常遇到的难题。众所周知，与其他电法勘探相比，激发极化法单一性较强，地形不平、覆盖层厚度变化以及围岩或覆盖层导电性不均匀等一般不会引起假激电异常。在金属矿激发极化法中，比较明显的激电异常总是与岩石中存在电子导电的石墨或金属矿物有关。所谓"区分矿与非矿异常"，就是要区分具有工业价值的金属矿和不够工业品位的所谓矿化（主要是石墨化、黄铁矿化和磁铁矿化等）岩石所引起的激电异常。解决这类问题一般不外乎两种方法：一种是利用激发极化法自身能力对异常进行深入研究；另一种是利用地质、物化探资料对异常进行综合解释。

（3）电磁法

电磁法是以地壳中岩、矿石的导电性、导磁性和介电性差异为基础，通过观测和研究人工的或天然的交变电磁场的分布来寻找矿产资源或解决其他地质问题的一类电法勘探方法。目前应用较广泛的有地面瞬变电磁法（Transient Electromagnetic Methods，TEM）、可控源音频大地电磁法（Controlled Source Audio-frequency Magneto Tellurics，CSAMT）、大地电磁法（Magneto Tellurics，MT）、音频大地电磁法（Audio-frequency Magneto Tellurics，AMT）、频谱激电法（Spectral Induced Polarization，SIP）和三频激电法等。

①地面瞬变电磁法。瞬变电磁法又称时间域电磁法（Time Domain Electromagnetic Methods）。所谓瞬变电磁法，就是研究电磁场响应随时间的变化。它是利用不接地回线或接地线源向地下发送一次脉冲电磁场，如果地下有良导电矿体存在，在一次电磁场的激励下，地下导体内部受感应产生涡旋电流（简称涡流）。矿体内的涡流在一次脉冲电磁场的间歇期间在空间产生交变磁场，叫二次场或异常场。涡流产生的二次场不会随一次场消失而立即消失，即有一个瞬变过程，利用接收机观测二次场，研究其与时间的关系，从而确定地下导体的电性分布结构及空间形态。其特点是在低阻覆盖情况下

与其他电法相比，勘查深度大；观测二次场（纯异常），可进行近场观测，旁侧影响小；在高阻围岩地区不会产生地形起伏形成的假异常，在低阻围岩地区，采用全时间衰减域观测容易区分地形异常；通过不同时间窗口的观测，可抑制地质噪声干扰；具有测深能力。在实际生产工作中，常用的装置有定源大回线装置、重叠回线装置和中心回线装置。

②可控源音频大地电磁法。可控源音频大地电磁法是一种人工场源频率域电磁测深方法，属于主动源频率域电磁法。所谓频率域就是研究电磁场响应随频率的变化。其工作方法是由发射机向地下发送不同频率的电磁波，供电电流可达 30 A，在测线上每个测点观测电场分量为 E_x，磁场分量为 H_y，根据公式：

$$\rho_s = \frac{1}{5f} \frac{|E_y|^2}{|H_x|^2}$$

计算视电阻率。当从高到低改变频率，每个频率计算出一个视电阻率，由于随着频率的降低所反映的深度增大，这样不断改变频率就可以测出不同深度的电阻率值，得到视电阻率测深曲线。该方法的主要特点是，探测深度大，探测深度的范围为几十米至两千米左右；与传统类电法勘探相比，它的分辨率高；由于可控源音频大地电磁法采用人工场源激励，与天然场源相比产生了一系列的影响因素，如场源附加效应、近区效应、静态效应等，强化了异常的复杂性，增加了异常解释的难度。

③大地电磁法。大地电磁法是以天然电磁场为场源的频率域电磁勘探方法，属于被动源电磁法。大地电磁场可近似地看作垂直入射地面的电磁波。当电磁波在地下传播时，由于电磁感应作用，不同频率（频率范围为 10～104 Hz）的电磁场具有不同的穿透深度，通过研究大地对天然电磁场的频率响应，可以获得不同深度电阻率的分布，根据电性分布的特点来解决地质问题。该方法的特点是，具有较大的勘测深度；不受高阻层屏蔽；对低阻层有较高的分辨能力。

④音频大地电磁法。音频大地电磁法是利用天然音频大地电磁场作为场源（频率范围为 5～104 Hz），属于被动源电磁法。观测电场和磁场分量，主要解决地质构造等问题。该方法具有设备轻便的优点，最大的弱点是天然音频电磁场的信号太弱，只有在干扰小的情况下才能取得好结果。

⑤频谱激电法。频谱激电法是一种新的激电方法。在超低频段做多频视复电阻率测量，通过研究复电阻率的谱特性，解决地质问题。频谱激电法能提供更丰富的信息，但由于设备价格昂贵，生产效率低，尚未得到广泛的应用。

⑥三频激电法。该方法是中南大学张友山教授经过多年的努力，成功研制出了区分激电异常性质的三频激电精密相干检测仪，并进行了野外示范研究工作，在激电异常性质区分方面取得了可喜的进展。三频激电精密相干检测系统，由发送机和接收机组成。工作时，发送机向地下发送三频复合波信号，接收机接收地下的复合波信号，通过精密相干检测的方法，将复合波信号中的 3 个主频的虚实分量检测出来。由低到高 3 个主频的虚实分量分别是 ReVL、ImVL，ReVM、ImVM，ReVH 和 ImVH，由此可以计算出百分频率效应（PFE）和相对相位差 ΨM-L 和 ΨH-M。一般采用的复合波信号的 3 个主频为 0.25 Hz、1 Hz 和 4 Hz，这几个频率属于超低频范围，在这 3 个频率范围内的异常源的激电效应强，易于观测。ΨM-L 反映这段频率范围的低频段的相位变化特征，ΨH-M 反映这段频率范围的高频段的相位变化特征，而 ΨM-L 和 ΨH-M 的变化规律反映了与异常源的相对应的 Cole-Cole 模型中的特征频率位置（与时间常数 S 有关）和频率相关系数的变化规律。通过这两个差分相位的变化特征可推断异常源的性质，即异常源的性质与 ΨM-L 和 ΨH-M 两个差分相位变化特征相对应。中南大学张友山教授初步建立的区分模型有以下几种。

①当 ΨM-L 幅值与 ΨH-M 幅值相当且同步起伏时为炭质岩层的异常特征。

②当 ΨM-L＞0 且 ΨH-M＜0 时为炭质岩层中赋存有硫化矿的异常特征。

③当 ΨM-L＞0 且 ΨH-M＞0 时为浸染型硫化矿的异常特征。

④当 ΨH-M＜0 与 ΨH-M＜ΨM-L 时为块状硫化矿的异常特征。

⑤当 ΨH-M＞0 且 ΨM-L＜0 时为含水地层的异常特征。

⑥当 ΨH-M＜0 与 ΨM-L＜0 且 ΨH-M≈ΨM-L，与 ΨH-M＞ΨM-L 时为含水溶洞或富水层的异常特征。

根据上述区分模型，对获得的相对相位异常进行分析判断，做出区分异常性质的结论。

（三）磁法勘探

1. 方法原理

磁法勘探是以地壳中各种岩、矿石间的磁性差异为物质基础而形成的一种勘探方法。由于岩、矿石间的磁性差异将引起正常的磁场变化（即磁异常），可以通过观测和研究磁异常来寻找有用矿产或查明地下地质构造。在找矿勘探中它既可以直接寻找具有磁性的金属矿体，如磁铁矿、磁黄铁矿等，又可以间接寻找无磁性的金属矿与非金属矿，如铅锌矿、铜矿等。

一般来说，铁矿特别是磁铁矿具有很强的磁性，应用磁法勘探最为有利。铜矿本身无磁性，但细脉-浸染型铜矿的热液蚀变带往往有较强的磁性，可以进行间接找矿。多金属硫化物矿床经氧化后，会形成含有铁磁性矿物的铁帽，磁法勘探也很有效。总的来说，磁法在金属矿勘探中应用很广。针对不同类型的矿床，可以采用直接找矿或间接找矿的方法。

2. 形成磁异常的主要因素

形成磁异常的因素比较多，但可归纳为以下几点。

①磁性体的大小和形态。磁性体的大小（埋深相同时）决定磁异常的幅值及范围。磁性体的形态决定了磁异常的平面形态。如三度体（柱体球）的 ΔT 等值线形状为等轴状；二度体（水平圆柱、板等）的 ΔT 等值线形状为狭长状。

②磁性体的下延深度。其决定磁异常正、负值的分布规律。下延很大，无负磁异常（顺层磁化）或仅正异常的一侧有负值；下延有限，正异常的两侧均出现负值。

③磁性体的磁化强度。其决定磁异常的幅值的大小。

④磁性体的埋深。其决定磁异常幅值、范围及梯度的变化。磁性体埋深大：异常的幅值小、范围大、梯度小。磁性体埋深小：异常的幅值大、范围窄、梯度大。

3. 磁异常的解释

磁异常解释包含定性解释和定量解释。定性解释可以判断引起磁异常的地质原因、性质和磁性体的赋存形态（如狭长状异常对应地质体往往为板状；等轴状异常对应地质体往往为柱状、囊状），推测磁性体的位置及范围，估计磁性体的埋深（异常的强度大、范围窄及梯度大则对应磁性地质体埋深小；异常的强度小、范围宽及梯度小则对应磁体埋深大）。定量解释是利用计算机技术对磁异常进行定量正反演，以较准确地推断磁性地质体的形状、规模、埋深等，从而为进一步的工程验证提供依据，或用于直接找矿。

从 20 世纪 80 年代以后，磁力勘查进入了高精度磁法勘查技术的阶段，观测精度达 0.05～0.1 nT。在磁测解释理论与方法技术方面，研究了一系列的新方法和新技术，如"磁性界面与磁性层磁场的正演方法和磁性界面的反演技术""三维磁异常自动解释法""磁异常曲面延拓方法""拟神经网络三维反演方法"采用三层 BP 网络和变步长反馈技术实现快速反演；开发了多种滤波及人机联作正反演和图像处理系统以及划分不同深度的区域磁场与局部磁异常的插值切割法等,实现了金属矿地面磁法勘查方法技术的三个转化。

二、地球化学勘探

化学元素在地壳和岩石圈中的分布是不均匀的,它随时间和地点而异。区域地球化学研究的是一个区域中化学元素的丰度、分布和分配状态,该区域地质演化过程中,元素的迁移活动历史以及区域地球化学系统的成分、作用与演化。区域地球化学研究涉及成矿的根本前提——物质基础,即成矿物质的来源、输出和浓集机制以及成矿环境等问题。国内外找矿实践证明,勘查地球化学方法在矿产勘查工作中是一种快速、有效的技术手段。而且近年来,随着研究过程中广泛吸收基础理论学科和高精度、高灵敏度分析测试技术的研究新进展,发现了地球物质中新的、过去未曾被注意到的存在形式和迁移机制,如纳米态活动金属、地球气等。经过多年的研究,研发出了许多寻找隐伏矿床的新方法、新技术,并且取得了明显的试验和找矿效果。目前除了传统的土壤地球化学测量、水系沉积物地球化学测量、水地球化学测量等方法外,还发展了如构造叠加晕、热释汞、电地球化学、酶提取、地气以及金属活动态测量等新方法。

(一) 传统地球化学勘查

1. 土壤地球化学测量

土壤地球化学测量是系统地测量土壤中的微迹元素含量或其他地球化学特征,发现与矿化有关的各类次生异常以寻找矿床的方法。与该方法应用效果有关的地貌、景观、气候土壤成因及元素迁移机理等方面都进行了成功的探讨与研究。残积层土壤测量是化探方法中最成熟、最有效的方法之一。运积层土壤测量的有效性要视测区条件而定。风成沙地区土壤测量的取样粒度截取试验已获进展。有机土地区土壤测量借助于偏提取技术而重获生机。而冰积物和塌积物等地区的土壤测量工作方式尚有待更多的采样试验资料确定。

2. 岩石地球化学测量

岩石地球化学测量是系统地测量岩石(或岩脉、断层泥与裂隙充填物等物质)微迹元素含量或其他地球化学特征,发现与矿化有关的各类原生异常(地球化学省、区域原生异常、矿床原生晕和矿体原生晕等)以寻找矿床的方法。该方法已经在几十年的地质找矿实践中被广泛推广与应用。早在20世纪六七十年代，为寻找隐伏矿，苏联提出了一整套元素分带序列计算、异常评价、估计侵蚀横截面深度和分辨致使正常原生晕分带性遭受破坏的多元素建造（叠加）晕的科学方法，并取得了很大的成功。近年来，针对常规岩石地球化学测量中的"点线式"采样布局，杨少平提出了适用于基岩裸露的中低山区的快速、低成本和效果好的"面型"采样布局。

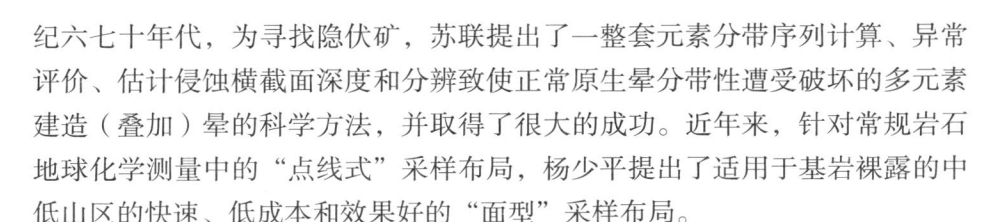

3. 水系沉积物地球化学测量

水系沉积物地球化学测量与地表水系的水化学测量并称为水系地球化学测量，这一传统方法在其广泛应用中一直被不断改进。除了已经使用的网格化、随机化、组合样、低密度和超低密度等采样方式外，如在澳大利亚的某地区，为减少采样误差、分析样品数量以及克服水系金测量"金块"效应曾经试验了一种大样法（Bleg）采样技术，该方法实质是将一个水系沉积物或土壤大样（样重 2～5 kg）全部浸在冷稀氰化钠溶液中，几天后再去送样分析。又如，为克服水系沉积物取样丢失细粒级颗粒的问题，提出了活性水系沉积物的冻结技术，并认为冻结采样对于采集水底河床沉积物是一项更准确的方法技术。所设计的冻结采样器由一个坚硬的、涂有环氧树脂的铜质直管构成。其原理是由软钢内管和细小喷管向铜质直管注入液态二氧化碳，骤然气化并加速柱状样品的快速冻结，从而得以采集到对整个活动河床沉积层有代表性的样品。

4. 地球化学数据分析

在地球化学异常评价和综合解释方面，以概率论和统计学为基础的数学模型，以信息学、数据库、三维模型、数学计算模拟和 GIS 为代表的新兴学科领域或技术已经在多元素异常筛选和评价方面进行着卓有成效的多源信息处理与研究。自组织神经网络评价土壤金属量异常的含矿性方法以及从区域地球化学场出发研究和评价地球化学异常方法等方法的出现，说明综合矿产预测技术获得重视和发展。与地球化学找矿相关的理论研究（区域环境、景观模型、找矿战略、分带理论、异常机理和迁移作用等）和地球化学找矿模式研究取得重要进展。实践表明，地球化学异常模式是一种重要的找矿模式，它通过概括性的异常元素组合、元素分带及其展布和发育等特征反映与成矿客体在空间、时间和成因上的关系，进而确定最优方法组合与评价指标。

5. 地球化学样品分析化

化探方法的改进和发展与化探样品测试技术的进步息息相关。目前许多高灵敏度、高精密度和高准确度的测试技术被改进或进入勘查地球化学分析测试领域。20世纪80年代初实施的区域化探扫面计划不仅建立了以X荧光光谱仪为主体的多元素分析系统，而且开启了我国地球化学标准物质的研制工作。多元素分析系统包括X射线荧光光谱法、泡塑吸附石墨炉原子吸收光谱法、石墨炉原子吸收光谱法、火焰发射法、比色法、原子荧光光谱法、发射光谱法、化学光谱法、极谱法和离子选择性电极。地球化学标准物质的研制工作有助于测试方法的评定、仪器的校正以及质量的监控，它不仅直接有益于金属矿产与区域地球化学勘查，而且广泛地为地质、环境、医学、农业和林业等部门所使用。为适应化探异常查证的需求，金的野外快速分析方法在溶矿、富集与显色方面都取得较大进展。20世纪90年代初，卢荫庥、王晓玲研究、开发和建立了一套野外（现场）地球化学多元素分析系统，该分析系统不仅包括简便、快速的多元素分析方法，还配备有轻便的便携式电子天平、光导比色计以及野外适用的分析箱，采用微珠比色法（低含量）、光导比色法（高含量）和氢化物发生法-光导比色法实现Au，Ag，As，Sb，Bi，Cu，Pb和Zn等元素的单独或同时测定。

（二）"深穿透"地球化学勘探

由于寻找深埋矿的需求，从20世纪80年代苏联诞生的地电化学方法和有机质结合形式法到90年代产生的酶提取法，从中国的金属活动态测量到澳大利亚的活动态金属离子法，无不反映出中外勘查地球化学家对大深度探测方法的不懈追求。这些方法日趋成熟，并在矿产勘查中得以有效应用。1997年的第18届国际化探会议上一并称之为"深穿透"地球化学方法。

1. 活动态偏提取法

传统的偏提取技术诞生于20世纪70年代以前，其基本原理是用弱的溶剂去溶解呈离子态或化合态的金属元素。近年来，该方法倍受国内外勘查地球化学家的青睐，特别是在测定各种活动态金属方面不断获得改进。金属活动态测量法20世纪90年代诞生于中国，是借助水、树脂、活性炭、有机物和铁锰氧化物等物质提取并测定在地表疏松介质中通过各种途径被胶体、黏土、有机质、铁锰氧化物和可溶性盐类捕获的各种活动态金属（超微细的亚微米至纳米级颗粒、胶体、离子等）。20世纪80年代末，王学求与卢荫庥合作实现了对活动态金的提取，已在桂西岩溶地区、胶东太古宇-元古宇绿岩带发育区、安徽省江北及川西北诺尔盖运积物覆盖区、穆龙套金矿沙漠和奥林匹克坝热带深风化壳覆盖区采用金属活动态测量和地球气纳微技术相结合的方法，在试验和找寻金矿方面取得了显著的效果。

活动态金属离子法 20 世纪 90 年代由澳大利亚某公司注册，其实质是用弱酸或酶煮法提取弱结合的活动态金属离子。在俄罗斯，用离子选择电极法分析土壤中水溶相的离子（NH，K，Na，Cl，Br，Ca，Eh，pH 等）浓度，结果在厚层运积物覆盖的矿床上获得了良好的异常。

酶浸析法是美国地质调查局在 20 世纪 80 年代中期以来研制的新方法，该方法是利用葡萄糖氧化酶所产生的过氧化氢还原非晶质氧化锰，所产生的葡萄糖酸将释放的金属络合后再测定其溶液中的金属离子浓度。运积物土壤中非晶质的氧化锰所吸附的微量元素常常反映深部基岩地球化学特征。加拿大霍夫曼（Hoffman）等也曾试验过这一方法。据报道，对酶浸析技术所圈定的异常验证结果已有 550 多个钻孔见矿。该方法只提取非晶质锰的氧化物，能有效地应用于冰积物覆盖区。

价态金方法是采用聚氨酯泡沫塑料在弱酸性介质中分步提取水溶性金（Au^{3+}）、有机态金（Au^+）和自由态金（Au^0），用石墨炉原子吸收分光光度计测定价态金的技术方法已有效地应用于异常评价（评判矿化剥蚀程度和找矿前景）来进行隐伏矿、盲矿和难识别金矿床勘查。

地电化学法以探测各种不同赋存形式的元素为目标，早在 20 世纪 30 年代就开始得到应用，只是由于对成晕过程和分析灵敏度上的局限性未获得广泛应用。20 世纪 80 年代，在全俄地球物理勘探科学研究所发展了新的地电化学方法，并引起了全世界勘查地球化学家的广泛注意。近年来国外学者通过研究活动态元素与岩石相互作用的过程，建立了喷射晕中的活动态元素从源点向地表扩散的垂直迁移的物理化学和数学模型。电提取在直流电场中通过吸附剂专门提取呈离子态的（贱金属和多金属）电活性物质。当前地电化学法争论的焦点是，金属离子是直接来自矿体还是来自电极周围的近表部活动态金属离子。在中国、加拿大、美国、澳大利亚和印度等国家都为此进行了研究与应用，结果表明，该方法在覆盖区具有探测数百米甚至千米埋深的金属矿体的能力。

2. 地气法

地气法是利用地壳中垂直向上升的多成因微细气流或气泡流所携带的一种迁移能力极强、化学活性极高的纳米级（粒径小于 $1\mu m$）金属颗粒（或胶体、离子、离子团、原子、原子团、分子、分子团等），以其在近地表氧化和有机环境中形成粒径较大并与深部矿化相对应的气溶胶颗粒异常来发现和查明深部或隐伏矿化的一种新方法。地气的概念与测量方法由瑞典的克里斯蒂安松（K. Kristjansson）和阿兰克维斯特（L. M. Almgvist）于 20 世纪 80 年代初提出。其优点是观测结果不受浮土覆盖、岩石类型和表生作用等条件的限制和影响，甚至可以应用于很难采用传统地学方法找矿的戈壁、沙漠、平原、草原和森林等特殊景观地区。该方法所采集的气溶胶可以来自近地表大气或地表以下的壤中气。采样方法又有主动吸附与被动吸附或瞬时测量（抽气法）与累积测量（埋置法）之分。早先由捷克学者研制的元素分子形式法（MFE）在实质上就是气溶胶测量法；其率先推测地气所携带的分子形式的元素在接近地表时转变为气溶胶形式。20 世纪 80 年代以来，加拿大、德国、瑞典、捷克、法国、美国、苏联和中国都开展了这方面的试验和研究，并充分肯定了该方法的有效性。其中，吸附材料（剂）的选择捕集器或适用于野外的仪器制作是该方法的技术关键。李巨初、童纯菡近年来的研究成果表明，地壳内确实存在一种纳米级微粒物质垂直向上迁移现象，它能在隐伏矿体倾向的正上方形成大体上与其延深方向向地表投影长度相一致的多元素地球化学异常。该方法不同于单一性的常规气体地球化学测量，能够直接查明并提供以气体为载体的固态或液态粒子（团）所蕴含的多元素地球化学找矿信息网。

（三）待完善的传统地球化学勘探

在地球化学找矿方法中，尚有一些从理论上说来有潜力但在实践应用中有待进一步改进或完善的方法。

1. 水化学法

水化学法是系统地采集并分析地表水或地下水（如河水、湖水、泉水和井水等）中微迹元素及其他地球化学特征，发现与矿化有关的水地球化学异常以寻找矿床的方法。在吉林南部玄武岩覆盖区，沿水地球化学异常区南端鸭绿江北岸的基岩露头等有利地段布置了岩石地球化学剖面、壤中气汞气测量及常规土壤地球化学测量等追踪评价工作，发现了埋深 600 m 以下的隐伏金矿化体。一般说来，该方法以铀和钼等活动性强的指标元素寻找其相关矿床尤为有效。湖水化学测量是快速评价区域含矿性的方法；而泉水和井水化学测量则可能发现盲矿及深埋矿床。当然，这两种方法分别受到湖、泉和井分布情况的限制。此外，水化学测量的结果受季节性变化影响较大；在碱性障发育区除铜、钼等元素外，许多金属元素活动受阻，其效果欠佳。

2. 生物地球化学法

生物地球化学法产生于 20 世纪 70 年代以前。由于其具有反映深部矿化信息、可应用于特殊景观地区（森林、荒漠、黄土、草原等厚层覆盖区）的区域战略侦察和局部异常查证等特长，勘查地球化学家从未放弃对其进行研究与改进。唐士荣等认为，借助在数量上达到或超过某一临界值的超累积植物去寻找盲矿体较传统的植物地球化学方法可能具有更为明显的优势。然而，由于植物种属器官的采样试验庞杂、指示植物的有效性以及采样、分析和异常解释方面的困难，生物地球化学法至今尚未作为常规方法予以应用。当然，在森林覆盖区和其他运积物覆盖区等特殊景观条件下，该方法仍不失为一种寻找隐伏矿的辅助方法。

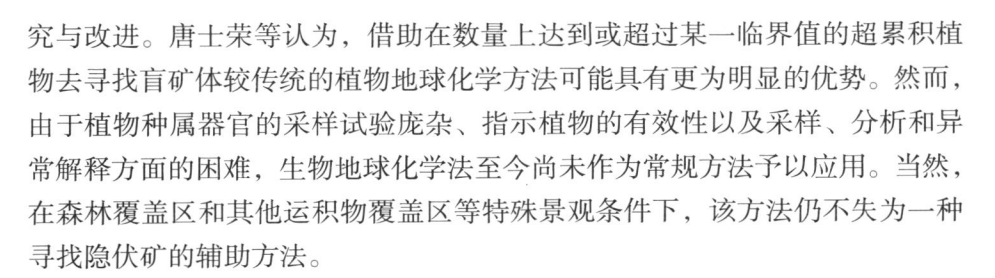

3. 气体地球化学法

气体地球化学法方法萌发于20世纪30～50年代，后来获得重视与发展。该方法主要研究和测定以气体形式存在和迁移的汞、氡、二氧化碳、氧气、二氧化硫、甲烷、硫化氢和重烃等指标，并称为某某地球化学测量。正是由于气体具有较强的穿透能力，该方法才被人们看成最有竞争力的方法之一。苏联曾有效地使用了野外快速气体分析仪测定壤中气内氡、钍、二氧化碳、甲烷、氢气、汞等元素的浓度，试图借助这种综合气体地球化学研究得以消除单一组分的不连续性，减少气态组分的波动效应。由浙江宁波甬利公司研制的RG-1热释测汞仪适用于化探吸附测量以及固体样品的痕量汞测量，其效果优于传统的壤中气测汞法。然而，由于气候、景观、土壤特征及微生物等因素的影响致使对观测结果很难进行对比，气体地球化学方法至今尚未步入常规化探方法之列，需要进行更多的研究或改进工作。

第二节　物探技术在攻深找盲中的应用

一、寻找深部隐伏矿

同一类物探工作的难易程度差别很大，不同类型的物探工作难易程度差别更大。至今为止，难度最大的物探工作要算寻找深部隐伏矿（含盲矿），需从立项与设计阶段就给予特别考虑与关照才能做好。

基础地质研究中的物探深部探测的难度更大（主要指解释推断可靠性方面），因其解释推断结果一般不立刻受钻探验证的检验，对工作者来讲，当期的验证压力可能不算大；当然，对推断结果可靠性极其负责的工作者来讲，压力也是很大的。

深部找矿特指寻找顶深500 m以下的深部矿。浅部隐伏矿的寻找，对物探来讲不是特别难的事，而且是物探的优势所在。相对于浅部隐伏矿，寻找这类特指的深部隐伏矿，将与前者寻找有明显的不同，有特殊的困难，尤其对直接寻找深部中、小型矿体来讲。

（一）寻找深部隐伏矿的特点与难点

1. 特点

相对于浅表矿，深部矿体的物探异常一般强度弱、平缓、细节模糊，呈低缓异常状（巨大矿体的异常为强缓异常）。例如，球体的磁异常强度随观测点至球心的距离呈 5/2 次方衰减；形状、产状不同的磁性体，衰减的快慢不同，但通常都比较快。

2. 难点

①筛选中、小型深部矿体的矿致异常难度大（异常定性难）。这是由于在一个测区内，强异常稀少、显眼、特色明显，而低缓异常众多，特色不明显，不易区分，甚至弱到无法识别。浅表矿的异常有的仅凭强度就可定性（磁法找磁铁矿基本如此），而深部矿异常仅凭强度无法区分，因为异常强度取决于多种因素（如物性差异、几何尺度、埋深、形状、产状等），其中埋深是主要影响因素之一。浅表矿异常易取得用于定性的直接物性数据（因为常有局部露头），所处地质环境的判断相对可靠（靠局部露头和适度外推）；而要想取得深部隐伏矿异常的可靠物性数据和所处地质环境资料几乎是不可能的（外推越深，可靠性越低）。由于异常强度低，易被近地表干扰地质体的异常和人文干扰掩盖。

②中、小型深部矿体的矿致异常难以准确定量反演。这是由于异常细节越少，反演结果的细节必然越少。对推断矿体埋深的反演误差也比浅表矿体大。相对误差相同时，埋深越大，绝对误差越大。对推断矿体产状的判断难度大，由异常细节缺失造成。甚至不能判断与叠加异常有关的推断矿体的个数（叠加异常的特征已不明显）。

③风险高、投入大。这是由于承担深部找矿任务时物探工作本身的投入大（需要高精度、大功率、长脉冲、多次叠加、综合方法、成本高的物探方法等）、埋深大、验证孔单孔成本高、钻后再解释成本高（需投入深井地下物探）决定的。异常定性难、反演误差大，即人们常说的多解性强；多解性强，推断失误的概率就大，因而易造成多次反复。

（二）寻找深部隐伏矿应重视的问题

1. 深部分辨力

在寻找浅表矿时，解决这一问题并不困难，因为只要加密点线距，有意义小矿体的异常就不会漏掉。但是寻找深部隐伏矿时，靠加密点线距已不能解决深部分辨力问题，深部中、小矿体的异常，特别是有意义小矿体的异常强度一般低于观测误差，特别是在存在人文干扰的地区。这种情况下，单个中、小矿体的异常不可识别，但是中、小矿体群，特别是矿化蚀变带因其规模比单个中、小矿体大得多，其异常能可靠观测到。虽不能直接分辨单个中、小矿体，但是间接找矿的效果仍然良好。

鉴于深部分辨力与异常强度的关系极大，寻找深部隐伏矿应采用最高档次的精度要求。

2. 人文干扰

寻找浅表矿时，因其异常较强，一般的人文干扰强度低于矿异常的强度，因而采用一般抗干扰措施，就不会实质性影响找矿效果。但是寻找深部隐伏矿时，当矿异常强度远低于干扰水平时，采用一般抗干扰措施（增加观测次数、加大发射功率等）就无济于事了。此种情况下必须采取非常规抗干扰措施，如错时测量、更换成抗干扰仪器（电法），或采取有效抗干扰措施（慢速低高度航磁、特大功率电法发射系统等）。

3. 异常定性难

对于深部矿致异常的推断，通常必然缺少异常源直接物性、直接地质环境和"从已知到未知"三个权重最大的依据，异常特点也已模糊化，只剩下地质规律、定量论证和综合方法三个方法可使用。因此在寻找深部隐伏矿时，定量论证和综合方法应是必须采用的定性措施。地质规律依据则须请教地质专家。

4. 异常定量反演误差大

在寻找浅表矿时，有时仅依据异常形态就可布置验证工程（含槽探、浅井）；或具备采用半定量方法的条件，无须定量反演。但是，对于深部隐伏矿的异常，不采用定量反演方法是不可能有把握布置验证孔的，越是平缓的异常，越应采用精细定量反演方法，甚至采用多种方法对比的方式。

深部隐伏矿的异常范围通常很大，设计的测区范围可能测不完整，而不完整的异常反演误差会明显增大，遇到这种情况，必须进行补测，起码应将定量反演主剖面补测完整。

异常定性解释和定量反演难度均大，难度大需要的时间就长，因此应留出足够的精细解释推断时间，物探先行的时间间隔相应更长。

二、物探技术在攻深找盲中的方式

物探攻深找盲要采取直接找矿与间接找矿并举的战略、地面物探与地下物探组合运用的战术。

（一）直接找矿

用物探等勘查技术方法取得深部矿床（矿体）发出的信息——物探等勘查技术方法的异常，根据物探等勘查技术方法的基本原理和已建立的地质——地球物理等勘查技术方法找矿模型，研判异常是否为矿致异常，也就是对异常进行定性解释；若认为是矿致异常，经过定量解释后，对矿床或矿体进行定位、定深、定形态，通过钻探（或其他深部探矿工程）发现深部矿体，这就是直接找矿方式。

当矿体的物性、规模和埋深（或与观测点的距离）等条件能满足物探在地表或地下矿体周围测得矿体的异常时，则可以在地表或地下采用物探直接找矿方式进行深部找矿。发现深部矿的异常难，而区分这些目标体的异常是否为矿致异常难度更大，所有这些需要采用综合方法。

（二）间接找矿

用物探等勘查技术方法取得深部控矿、容矿、含矿地质体或地质现象（岩体、地层、接触带、破碎带、火山机构、褶皱带、沉积盆地等）的信息，经过解释和定量反演，编绘目标地质体（特别是深部目标地质体）的推断立体地质图，根据成矿规律、成矿模式和矿产预测准则，在推断立体地质图上圈出矿床（矿体）可能的部位，通过钻探（或其他深部探矿工程）发现深部矿体，这就是间接找矿方式。

当矿体与围岩的物性无差异，不能满足物探直接找矿条件时，或物性虽有差异，但矿体规模小而埋深大，不能满足物探在地表直接找深部矿的条件时，为了在地表找深部矿，应该采用物探间接找矿方式进行深部找矿。物探间接找矿时的目标地质体深度虽大，但其体积远大于矿体，因此，发现它们要容易些。物探间接找矿在技术上遇到的难题也只有采用综合方法才能较好地解决。

在寻找浅表矿时，为防止漏掉孔底、孔旁盲矿体，也应普遍在验证孔中布置地下物探。由于其钻探成本低（浅孔），忽略了钻后不测孔这一点损失不是很大。但是，寻找深部隐伏矿时，若钻后不测孔是不允许的，因定量反演误差大，未能钻遇异常源的可能性明显增加。深孔成本很高，不可能通过加密钻孔弥补不测孔的损失。即使不从找矿当期效益考虑，留下宝贵的、稀缺的深孔物性和异常资料，其价值也是很大的。我国近期砂岩铀矿的突破，就是依据前人煤田勘探时放射性测井发现的异常为突破口的，可见深孔测井的潜在价值。

在寻找浅表矿时，验证后不进行再解释，损失可能不会太大。但是，寻找深部隐伏矿验证后不开展再解释，可能失去重大发现的机会。

因此，深孔不开展地下物探（含测井）、钻后不进行再解释是极不负责任的做法。

第三节 物化探技术及其应用的基本原则与地质效果分析

一、物探技术和化探技术

物探技术是运用物理方面的有关技术和知识来勘查的方法。换句话说，该项技术的应用是以物理为基础的。在地球物理勘探过程中，常用的物探技术方法主要是通过重力磁、电等物理元素予以矿产探测，可有效利用该方法进行较大范围的能源矿产寻找和勘查，以便能够增强对黑色金属、有色金属以及非金属等矿产矿物的勘探力度。

现阶段我国主要采用的物探技术有两种，分别是地震层分析成像技术和电磁法。地震层分析成像技术是为工作人员更深层次分析提供便利的一项技术，即将勘查所得的数据信息、土质情况和与矿产资源相关的内容，利用图像的形式进行呈现，让工作人员对其做出专业的理论分析。当前，此种方法普遍应用于较为深层次的矿产勘查工作中，为了获得精准性更高的数据，必须要投入更多的资金，所以此种方法的投资是相对较高的。电磁法的勘查媒介是低频电磁波，充分利用电磁波的特殊性，认真勘探及检测勘查对象，并且通过计算机将所获得的勘查结果转换成电波图在屏幕上进行反馈。此种方法只可以对浅层的矿产资源进行勘查，若勘查对象位于地下 50 m，则电磁法就不可以做出正确的测量。电磁法的主要特征是设备自身较为简单，并且容易操作，获取信息便捷，所以在勘查中可以采用电磁法。在具体工作实施前还要妥善处理电磁波对附近环境产生的影响，以免损坏其他的物质。

化探技术是为了可以更加全面地分析地下介质的各种微量元素，进而正确地推测出矿产资源分布区域，最终以图画的形式绘制出所有矿产资源的分布图。通过运用化探技术，不仅可以充分了解各个元素的含量，而且可以方便了解地下介质的微量元素类型。目前，化探技术主要有两种，分别是土壤测量及岩石测量，其是按照样品的不同介质进行划分的。其中，岩石测量技术主要采用化学方法对岩石中微量元素含量进行测量，从而在岩石样品中找到矿产。此种方法主要在矿山隐伏矿中适应，利用构建地球化学模型的方式对矿产进行勘查，属于新兴的现代技术之一。

在矿产勘查中应用物化探技术的时候，必须采取合理的检测方式来降低因物化探技术偏差而导致的问题，同时应该注意以下三点。

①严格遵循矿产勘查中应用物化探技术的基本原则，有丰富经验的工作人员必须进行准确的数据分析，认真推断矿区附近环境的来源途径。即便在一个有同样环境的地区，也有可能会出现不同的矿物。因此，必须根据实际情况，做出科学的总结。

②在采矿地区内通过采取物化探技术，很有可能会发现各种新矿物。

③加强对成矿地质条件的探究，因为矿产形成的原因是相当复杂的，所以在分析数据的时候，有关工作人员必须提升对地质情况的关注度，充分考虑地质条件的复杂情况，而且要根据实际地质条件做出更深层次的研究，降低各种外部因素的影响，对区域的地质条件做出合理的解释与分析。

二、应用物化探技术的基本原则

应用物化探技术有以下两项基本原则。

①经济从简。无论什么行业，其发展和社会经济发展都存在紧密的联系，提高经济效益是许多行业的主要目标。与其他的经济活动相比，矿产勘查工作更加综合考虑经济效益的因素，在选择物化探技术的时候，要确保勘查成本不会超出预期的目标，而且不会影响矿产企业本身的经济效益，一旦不能实现这些目标，就不能使勘查工作继续进行。

②为勘查目标提供服务。积极开展矿产勘查工作，其主要目的在于不断开发各种矿产资源，而且对其做出评价。通常，不同的地质环境地质作用也会存在较大的差异，这样都会使地质体具备独有的特征，尤其是在地球化学及地球物理方面，这也会保证物化探技术能够发挥出重要的作用。一般来说，勘查矿体是勘查工作中的关键点，所以每项勘查工作都要围绕这方面的内容进行。对物化探方式进行选择的时候，人们要结合这个依据，否则容易降低技术手段的效果。

三、应用物化探技术的地质效果分析

通过运用物理方式、化学方式进行矿产勘查所获得的数据，其存在较大的不确定性，这样对引导矿产勘探的稳定进行会产生严重的阻碍作用。如果不能准确分析获得的数据就不能将数据的指导作用充分发挥出来。通常，物化探技术在矿产勘查中应用时，必须结合工作人员的工作经验，再根据不同方式的经验做出分析，这样必定会减小物化探技术在矿产勘查中的合理性。基于人工分析的基础上所获得的具体解决方案，经常被作为控制勘探工程中的有关观测参数依据，但并不可以发挥出对工程的指导作用，所以在勘探工程中，在减小勘探中误差时选择综合方式来进行。在矿产勘查中，必须收集很多数据信息，这样难免会增加分析勘探数据的难度，还要导致勘探结果的多解性。

地质勘探旨在增强调查分析环境地质和地震地质，根据地球化学找矿技术在地质勘查中的应用，仔细分析物化探技术在矿产勘查中的应用，有效发挥物化探技术的实际应用价值。同时，矿产资源对于提高我国综合实力起着重大的促进作用，增强对矿产资源勘查工作的管理和控制，进一步深入探究物化探技术在矿产勘查中的应用，必定可以发挥出矿产勘查中物化探技术的作用，真正实现在矿产勘查中应用物化探技术的价值。

在认真遵循物化探技术在矿产勘查中应用的有关原则的基础上，可以安排工作经验丰富的技术人员来分析数据，准确推断出矿区附近环境条件的有可能来源渠道。结合采矿地区内部所采用的物化探技术来找到新型的矿物，适当增强对地质条件的探究。对矿产勘查中物化探技术的地质效果进行分析时需要按照找矿的相关原则，结合矿产勘查中的方式，对矿产分布区域的地质情况做出全面的勘查，根据对矿床的详细分析，对其进行科学的评价，在以矿产勘探物化探技术为主的支撑下，提升地质分析工作水平。依照地球化学找矿勘探技术及地球物理勘探技术的优点，采用有效的策略寻找隐伏矿，遵循勘探中的不断优化原则，及时获得精准性高的数据信息，按照对所获取数据的分析，提出与实际情况相符合的具体解决方案。通过对不同的矿产材料化学勘探技术进行灵活运用，多角度分析矿物特征、交通条件等因素，从而实现矿产勘查中物化探技术应用与地质效果的最合理化。

第九章　地质勘查高新技术的发展路径探讨

随着经济的迅猛发展，我国经济发展要告别传统的不平衡、不协调、不可持续的粗放型增长模式，要创新宏观调控思路和方式，充分发挥市场的决定性作用，加快经济转型升级和结构优化。在这一过程中，新形势对地质勘查工作带来了一系列影响和改变，也提出了更高的要求。地质勘查高新技术不仅是一项复杂的系统工程，同样也面临着巨大的新机遇和挑战。

第一节　遥感技术的发展路径

一、遥感技术的目标与发展框架

以缓解能源资源压力、保障地质环境安全、促进地球科学发展为宗旨，落实地质找矿新机制，采取自主开发和引进相结合的方式，总体跟进，重点突破，以实用化为导向，拓宽遥感对地观测技术的服务领域，以应用技术研究为突破，力争在以土地资源、矿产资源为主的国土资源调查与监测技术方面逐步缩小与世界先进水平之间的差距，为资源勘查、地质环境评价、重大工程建设、地球科学发展提供基础支撑，全面提升我国地质研究水平。

（一）总目标

遥感技术的总目标是，加强自主创新，提高遥感数据的分辨率和精度，使遥感技术在发现矿产资源、应对地质灾害、开展土地调查等方面得到规模化应用，以解决我国社会发展新阶段所面临的资源短缺瓶颈、生态退化、重大地质灾害防治等问题，同时，逐步缩小与世界先进水平之间的差距。其主要分为以下三个阶段。

1. 第一阶段（2015—2016 年）

继续构建国产现有卫星在找矿、地质灾害防治、土地资源调查领域的应用模式。

2. 第二阶段（2017—2020 年）

自主研发符合国土资源业务领域需求的高分辨率遥感平台的具体参数、有效荷载，提高数据的精度，推出高分辨率遥感平台，并提高数据处理的效率。

3. 第三阶段（2021—2030 年）

建立各种业务的遥感应用模式与业务流程，实现遥感技术在国土资源业务领域的规模化应用。

遥感技术发展阶段具体实施如表 9-1 所示。

表 9-1 遥感技术发展阶段

遥感系统建设	阶段		
	2015—2016 年	2017—2020 年	2021—2030 年
遥感装备系统建设	①卫星载荷指标合理化； ②卫星平台最优化设计； ③POS 和惯性导航技术的集成	①定制不同类型、不同频谱、不同波段、不同平台、不同星座的卫星系统； ②星上数据实时处理技术	①基于自主信息源卫星载荷； ②数码航空遥感系统； ③高质量的遥感平台
遥感信息处理系统建设	①数据处理自动化； ②数据处理的标准体系建设； ③多维数据库构建	①海量遥感数据自动化并行处理； ②光谱及辐射量的定量化和归一化技术； ③高光谱地质三维填图技术	多源遥感数据与地学数据融合技术
遥感应用系统建设	①地物波谱研究； ②遥感应用模型	①遥感技术与地学理论衔接； ②多源遥感地质信息反演技术	①立体地质勘查技术体系； ②拓展遥感技术的应用范围

（二）发展框架

根据遥感技术发展趋势、国内外技术发展现状以及地质工作需求，至 2030 年，我国发展遥感技术要着眼以下三个主要方向。

第一，发展具有自主知识产权的卫星系统，实现数据获取精准化、规范化。

第二，建立数据处理自动化技术流程与标准体系，实现空间信息处理和信息提取的定量化、自动化和实时化。

第三，构建国土资源遥感应用系统。

二、遥感关键技术

我国遥感技术的发展应着重于遥感装备系统建设、遥感信息处理、国土资源遥感应用三个方面的关键性技术。

（一）遥感装备系统建设

目标任务：2020年前，我国需要针对遥感器的性能需求展开调研、论证，定制不同类型、不同频谱、不同波段、不同平台、不同星座的卫星系统，满足国土资源调查、监测和监管工作对空间分辨率、光谱分辨率和时间分辨率的需求。至2030年，逐渐形成自主获取信息源及基于自主信息源的卫星载荷。

1. 数据的时效性

目前的资源探测卫星一般都是单星应用，探测的时效性比较差，满足不了现代资源探测，特别是灾害监测的实时性要求。将单星模式工作的卫星按照一定的相位要求布放，形成多星工作模式的卫星星座，可以有效地提高时间分辨率。卫星星座主要分为两类，一类是同一轨道面内卫星以等间隔相位布放的星座，另一类是不同轨道面内卫星以等间隔相位布放的星座。

2. 数据定标精度

现有的国产卫星提供的遥感数据定标精度往往不够，数据或信息产品的业务化、流程化生产程度不完善，使得很多用户在获取适用、稳定的国产遥感数据方面存在一定的困难。数据质量通常指数据的可靠性和精度。数据质量的优劣是一个相对概念并具有一定的针对性。分析数据质量不仅要根据技术规程衡量，还要从数据使用角度分析。通常数据的质量问题主要包括以下内容：位置精度、属性精度、时间精度、逻辑一致性、数据完整性等。

3. 国产卫星遥感信息源

随着国土资源调查的深入与持续，资源卫星应用领域快速拓展，应用水平大幅提高，尤其是面对"双保"工程，实施找矿战略突破行动，将导致对资源卫星数据需求量的急速增长，加剧对高质量资源卫星数据的供需矛盾。同时，地质资源调查和地质灾害环境监测等属于持久性工作，对资源卫星数据不仅有数量上和质量上的要求，更需要保证数据信息获取的多样性、连续性、稳定性和可靠性，因此单纯依靠国际资源卫星获取的数据不能完全满足当前及未来国土资源调查对高质量、连续、稳定和可靠的基础信息数据的巨量需求。

目前，我国在航天领域可应用于地质勘查的遥感装备还比较有限，尽管有发射成功的中巴02星、02B星搭载的中低分辨率多光谱仪，环境减灾小卫星搭载的宽幅多光谱仪、成像光谱仪，以及北京一号卫星搭载的宽幅多光谱仪等，但在有效荷载的技术指标、空间分辨率、幅宽以及信噪比、影响质量等参数设置以及地面配套的应用系统等方面还难以满足地质找矿、灾害监测工作的需要。

客观上，地质勘查遥感数据的获取如果长期依赖国外资源卫星，不仅高精度遥感数据价格昂贵，而且不易获得，或者获得不及时，势必严重影响应用。因此，需要针对某些专业的特殊需求，如在地质找矿、土地调查、灾害监测与预警等领域开展机载、星载传感器的系统化开发，按照需要的精度等参数设计具有自主知识产权的小卫星。

4. 卫星研制的前期论证

目前，我国民用遥感卫星技术水平与国际先进水平之间存在较大差距，甚至落后于印度等发展中国家。其关键在于我国遥感卫星较发达国家起步较晚，同时，由于西方国家在高技术领域的封锁，致使我国卫星数据质量和卫星性能较国际上同类卫星相比存在较大差距。另外，国际上无论是美国还是法国等其他国家，每研制一颗卫星，均要结合应用开展大量的地面模拟仿真工作，确保在轨卫星的各项技术指标处于最佳状态，以保证获得良好的图像质量。而我国在卫星发射前，对地面的模拟仿真工作不够重视或工作没有做到位，致使卫星数据的质量不高，卫星的性能不强。因此，需要在卫星研制立项前普遍开展系统性论证工作，有效进行技术创新与应用潜力分析，其中最重要的是开展大量的地面模拟仿真工作，确保卫星在轨的各项技术指标处于最佳状态。

加强影响图像质量及其应用的卫星技术指标论证，提高国产遥感卫星数据质量和卫星性能。开展卫星平台稳定性对图像质量影响的分析研究，从图像质量满足土地资源调查以及监测应用的需求出发，论证确定卫星平台稳定性的合理指标。从区域数据覆盖能力出发，研究提出灵活机动的在轨成像工作模式。分析卫星载荷的空间分辨率、光谱分辨率、辐射分辨率、波段间配准误差、内部几何畸变、图像压缩算法和压缩比等技术指标对国土资源业务如土地资源调查监测、地质灾害监测与预警等应用的影响，研究提出合理的卫星载荷技术指标。

通过设计分析和仿真研究，实现卫星平台的最优化设计；基于优化的指标参数和卫星平台，进行卫星和航空高光谱成像仪的方案设计论证，针对其核心关键技术进行攻关，并进一步开展载荷研制工作。

5. 星上数据实时处理技术

星上数据实时处理是智能卫星最突出的特点之一，处理后的信息产品数据量大大减少，在减小数据传输压力的同时，也使得遥感信息能够直接被终端用户接收。星上数据实时处理可以实现从现有遥感卫星"给什么—要什么"的模式向"要什么—给什么"的模式转变，提高遥感成像效率和数据利用效率。美国海洋地球测绘观测（NEMO）卫星的高光谱数据处理采用自适应光谱识别系统（ORASIS），其数据处理采用凸面集分析和正交投影变换技术，对特定场景分解生成 10～20 个单元，实现自动数据分析、特征提取和数据压缩。

"快鸟"卫星在轨数据处理能力包括辐射校正、几何校正以及灾害预警和监测专题信息生产等。法国研制的下一代普勒阿德斯（Pleiades）卫星采用了可重构的现场可编程门阵列（FPGA）作为模块化的星上图像处理器（MVP），实现了数据采集、像元对齐、热控、电控等功能，实时处理采用高性能小波图像压缩算法，压缩比高达 7 : 1。

6. 星-空-地联合作业仪器的研制

在国家"863 计划"等资助下，国内研制了机载成像光谱仪、宽覆盖数码相机以及机载 C 波段成像雷达等设备；同时也从国外引进了 CASI/SASI/TASI 机载高光谱仪；中国地质调查局南京地调中心研制了近红外矿物分析仪等地面波谱测试设备。尽管这些装备可为遥感地质找矿提供一定支撑，但依然缺乏适合多传感器组合的飞行平台，缺乏配套的地面遥感成像设备，难以满足多任务、多目标协同的星-空-地联合作业方式。

因此，我国需要全面系统地发展具有快速、灵活、机动性强的高、中、低空飞行平台技术，特别是要注重 POS 和惯性导航技术的集成，以及发展自动传输技术等。其主要目的是进一步增强满足地质灾害监测和矿山环境监测等遥感应急数据快速获取的能力，保障大面积、高分辨率和高质量航空遥感数据快速获取的能力，开展 CCD 数字相机、三维成像仪、航空合成孔径雷达及轻型数码航空遥感系统研制。加大引进国际先进的成像光谱仪的力度，重点开展国产成像光谱仪的研制，同时开展国内岩心编录系统研制，发展机载高光谱新型传感器和航空热红外测量系统；利用已有国产无人机平台，开发低空无人机遥感对地观测系统。

（二）遥感信息处理

目标任务：针对目前存在的问题和遥感地质调查技术发展与地质应用的实际需求，建立遥感地质调查技术标准体系，制定遥感地质应用相关技术规定、规范和标准。通过从数据库构建、辐射定标及归一化、并行处理、三维地质填图、多源数据融合、深空探测等诸多方面的突破，实现地质遥感几何与物理方程的整体反演求解，进而在未来15年内，初步实现空间信息处理和信息提取的定量化、自动化和实时化。

1. 遥感地质深空探测技术

开展以月球探测为主的遥感深空探测技术研究，重点开展月球影像制图研究、遥感月球地质填图与资源评价预研究。月球探测是人类进行太阳系空间探测的历史性开端，大大促进了人类对月球、地球和太阳系的认识，带动了一系列基础科学的创新，促进了一系列应用科学的新发展。美国和俄罗斯正是通过月球探测，建立和完善了庞大的航天工业和技术体系，有力带动和促进了一系列科学技术的快速发展。月球探测技术在军事和民用领域的大量延伸应用和二次开发，形成了一大批包括遥感、微波雷达、红外与激光等高科技工业群体。

同时，月球的主要岩石类型为玄武岩、斜长岩、（超）基性岩角砾岩和克里普岩。月球的岩石和土壤中已发现100多种矿物，与地球矿物的成分、结构和特征几乎相同，但月球矿物不含水，在强还原环境中形成。月球有开发利用前景的矿产资源尚需进一步探测，对人类社会可持续发展的意义需做出经济技术评估。

2. 高光谱地质三维填图技术

高光谱遥感技术已经发展多年，在油气探测、资源普查与固体矿床探测中发挥了重要作用。世界各国非常重视高光谱遥感技术在找矿、精细采矿与矿产综合利用中的应用价值，高光谱矿物填图技术已经被大范围推广应用。矿物填图不仅可以直接识别与成矿作用密切相关的蚀变矿物，圈定找矿靶区，指导和帮助找矿，还可以根据矿物的空间分带、典型矿物或标志矿物的成分及结构变化，推断成岩、成矿作用的温压条件、热动力过程、热液运移和岩浆分异的时空演化，恢复成岩、成矿历史，建立不同矿床的成矿模型和找矿模型。

目前，钻探是各种固体矿床探测和能源探测的直接手段，通过钻探岩心的采样分析，可以对矿床的种类、品位和储量进行精确估计。

目前国内地质、石油等各企业每年钻探的岩心数据，主要是利用人工进行编录的，还没有采用先进的高光谱技术进行自动编录。澳大利亚等发达国家已经采用先进的高光谱岩心扫描技术进行岩心矿物含量测定，形成数字编录库，指导深部找矿作业，大大提高了作业效率，节省了大量资金。利用地表、地下岩心数据，结合其他地球物理、地球化学数据，构建地下立体三维模型，进行立体矿物填图。

3. 海量遥感数据自动化并行处理

遥感所带来的信息和数据呈现出的海量程度和复杂程度都是空前的，随着地质应用需求的不断扩大和计算机技术的飞速发展，数字图像处理面临着复杂化和高速化的挑战，借助计算机的并行处理功能可以为这一问题的解决提供必要的技术手段。研究海量遥感数据的并行处理机制，改造串行算法并进行并行化处理开发，可直接提高海量遥感数据处理的效率和自动化程度。多用户、多任务、多线程、高稳定性、高可靠性是设计算法和模型重点需要考虑的特性。

4. 多源遥感数据与地学数据融合技术

随着地质勘查技术的发展，信息的来源和种类越来越多，在信息的实际应用中，单一的信息源所提供的信息往往是片面的。通过对多源数据的融合处理，可以有效消除数据中信息的不确定因素，减少解释的多解性，从而大大提高目标识别的精度。多源数据的融合则是高度集成和有效获取目标信息的手段。采用恰当的数据融合技术，可以对多源数据进行优化，达到减少冗余信息、综合互补信息、捕捉协同信息的目的。

遥感数据与地学数据的多源融合是基于它们之间的相关性进行的。不同类型空间数据之间存在着两种相关关系，即套合和耦合。

所谓套合是指两者之间空间上相关，但成因关系不明显；耦合则是空间上和成因上两者均相关。对于多源数据综合分析模型的建立，也是基于数据之间内在关系来考虑是套合还是耦合。数据融合处理是多源遥感数据和地学数据综合处理、分析和应用的重要手段。

5. 高光谱遥感岩矿多维数据库构建技术

传统的关系型数据库（Relational Database，RDB）以其坚实的理论依据和出色的成功应用而堪称主流数据库。在这种关系型数据库中，数据库表遵循严格的维结构，即元组为表中的最小不可分解单位，表中不能再有表。这样的结构曾经大力推动了关系型数据库的发展和应用。但随着面向对象（Object Oriented，OO）技术的发展和成熟，越来越要求数据库能有效地实现对对象的存储管理，而关系型数据库的这种严格的二维结构已经限制了对对象的存储管理要求。面向对象存储技术的发展，强烈要求突破现有的二维关系型数据库的结构模式，进而实现多维数据库的结构模式。

多维数据库可以简单地理解为,将数据存放在一个 n 维数组中,而不是像关系型数据库那样以记录的形式存放。因此它存在大量稀疏矩阵,人们可以通过多维视图来对数据进行多个角度的观察。多维数据库中超立方结构的性能,将直接影响多维分析中对海量数据的处理。建立岩矿多维数据库,并通过多维数据库分析查询功能,可以满足人们对不同空间分辨率、不同光谱分辨率光谱信息的有效利用,从而推动高光谱遥感技术在地矿领域的跨越式发展和应用。

6. 光谱及辐射量的定量化和归一化技术

我国遥感数据处理技术和应用的基础科研力量较为薄弱,在观测器的设计、定标、检验及观测数据的可信性和定量化应用方面还存在较大差距,难以实现从数据到信息的有效转换,尚未形成针对自主信息源应用的创新平台和业务化运行的定量化支撑体系,导致我国自主研发的卫星空间数据资料不能有效应用。作为遥感定量化研究的基础,必须进行传感器的在轨绝对辐射定标,需要有相应的地面定标场来同步量测。目前国内虽然有青海定标场和敦煌定标场用于辐射定标,但由于天气等因素,无法满足全天候定标。同时,从科学实验角度而言,也有必要采取多场测试、多方法测试,便于相互验证,获取最佳定标精度。

(三) 国土资源遥感应用

目标任务:发展支撑国土资源业务的关键技术,加强遥感技术的应用力度,形成较完整的基于自主信息源的遥感应用体系,实现地质工作的现代化。国土资源遥感应用主要包括:矿产资源与能源探测技术,高光谱定量化信息提取技术,高精度干涉雷达监测技术,地质灾害与矿山环境遥感快速应急响应调查、监测与评价技术,海洋及近海域遥感探测技术,深空探测技术等前沿技术,以及相关业务应用系统需要研制的关键技术。

1. 建立星 - 空 - 地联合遥感地质勘查系统

由于地质调查的多层次性与多要素性,需要不同的遥感数据和遥感技术的综合。在目前多源数据并行和多技术研发的情况下,择机开展地质调查遥感技术方法综合研究,可以充分发挥地质调查遥感的综合效益。需要加强遥感高技术工作指南编写以及技术流程与应用体系等的综合研究,以推进遥感技术的业务应用。将航天、航空、地面、地下的遥感数据采集、处理、应用集成在一起,建设地质勘查遥感系统,形成星载、机载技术系统与航空物探技术系统、地面和地下物探技术系统、地球化学立体地质勘查技术体系的相互融合。

2. 系统性开展地物波谱的研究

遥感地质找矿是遥感信息获取、含矿信息提取以及含矿信息成矿分析与应用的过程。遥感技术在地质找矿中的应用主要表现在遥感岩性识别、矿化蚀变信息提取、地质构造信息提取和植被波谱特征等方面。岩性识别主要是应用图像增强、图像变换和图像分析方法，增强图像的色调、颜色以及纹理的差异，以便能最大程度地区分不同岩相、划分不同岩石类型或岩性组合。矿化蚀变信息提取主要是基于特定蚀变岩石在特定的光谱波段形成的光谱异常，可以用来圈定矿化蚀变异常区和确定找矿靶区。野外地质观察表明，矿化蚀变带总是沿着一定的地质构造分布，构造是成矿的重要控制因素，对内生矿床尤为重要。地质构造信息提取主要是线形影像和环形影像的解译。针对不同的成矿构造环境条件，可以提取不同的成矿构造信息。为了解决植被覆盖区的隐伏矿找矿问题，遥感生物地球化学技术应运而生。运用遥感生物地球化学方法在植被覆盖区寻找隐伏矿和优选远景区能取得较好的效果。在遥感图像上，植物对金属元素的吸收和积聚作用表现为异常植被与正常植被在灰度值与色彩上具有的明显差异。为此，需要寻求更为成熟的多光谱和高光谱岩性信息提取方法。

加强遥感信息的提取研究，如高光谱与岩石光谱的对应关系与内在联系的研究。遥感蚀变信息的准确度、识别的可靠性、定量化程度有待提高。遥感蚀变信息的异常分级与成矿地质意义上的异常关系问题等，还有待深入研究与探讨。需要根据遥感信息对沉积岩和变质岩的岩性识别进行研究。

3. 将遥感技术与地学理论有机衔接

理论基础和应用基础研究不足或滞后已成为遥感技术进步与应用向纵深发展的障碍。遥感找矿要以遥感地质为主，认真总结各种矿床的遥感地质标志特征，建立找矿模式，重点是遥感信息的矿床地质"纯量"和特色，然后逐步上升到矿群、矿带及其地质环境背景，以建立遥感地质找矿的坚实理论基础。目前的研究探索还处在初级阶段，理论水平低是目前遥感地质找矿的主要障碍，需要攻关突破。

4. 研究遥感找矿机理及有机协同模式

为了满足地下矿产资源的发现、土地资源的查明对遥感技术的需求，需要加大遥感应用的深度和广度。目前可用的遥感数据有20多种类型，涉及不同空间分辨率、光谱分辨率以及成像雷达数据，地面和钻孔等实测光谱数据等。海量数据提供了丰富的蚀变异常信息、岩石矿物以及组成成分信息、地质构造信息等,如何有效地进行这些地质找矿遥感信息的反演以及对这些信息进行综合应用,需要结合成矿机理,大力发展遥感协同分析技术及应用模式,并从异常信息的提取迈向异常信息与成矿机理相结合的高度。

5. 拓展遥感技术在地质灾害调查中的应用范围

目前,地质灾害研究中的关键遥感技术包括光学遥感(高光谱分辨率遥感和高空间分辨率遥感)和微波遥感技术。在灾害预警阶段,主要用到的是高分辨率遥感解译和工程地质相结合的方法以及多光谱遥感地物识别技术。地质灾害发生后,对其进行实时调查,及时了解灾害造成的破坏情况,为救援及防灾工作提供参考依据,高分辨率的遥感数据对地质灾害进行实时调查,尤其是周期短、精度高的遥感数据的获得与应用越来越受到重视。灾害评估和灾后恢复重建评估两个阶段非常重要,利用未受灾和成灾后的影像数据,准确地查明灾区受损情况,主要用的是遥感影像变化区域监测技术。

拓展和深化遥感技术的应用领域,如在丘陵、平原、海岸带干旱区开展高水平的遥感调查,提高我国突发性地质灾害应急监测的技术水平,增强应急响应能力。充分利用航天遥感、差分干涉雷达和 GPS 及集成技术进行地质灾害监测,建立具有实用性的全国重大自然灾害遥感实时监测评价技术系统。

6. 加强雷达遥感应用研究

土地资源调查监测工作涉及的领域众多,任何单一类型的资源卫星数据都难以满足规模化应用的需求,综合利用来自不同资源卫星系列、不同类型传感器的遥感数据是土地资源调查监测卫星遥感技术应用的长期策略和方针,可以有效地发挥各种遥感技术的优势,弥补单一数据信息量不足给实际应用带来的困难。雷达遥感不受天气影响,具有全天候、全天时的观测能力,可作为我国多云、多雨、多雾的西南等地区难以获取光学影像的有效数据源。

7. 建立遥感应用模型

从 1999 年我国成功发射资源一号 01 星到作为国土资源系统的业务卫星资源一号 02C 星的成功发射,因受多方面的限制,至今没有建立起我国资源类卫星的应用模式,尤其是业务卫星的应用模式,以及对其产品的体系相关定义等。这不仅不利于 02C 星数据的应用和推广,也将制约后续业务卫星的规模化、业务化和工程化应用。如何从国土资源工作的需求角度,更好地理解利用不同遥感数据所提取的地质信息,更好地进行地质找矿等地质应用,是提高遥感地质应用效率和水平与能力的关键。因此,有待基于不同地质学科,独立地发展遥感地质信息诠释模式。需要从传感器谱段设置和工作业务种类特点出发，综合考虑数据的适用性、现有产品体系的可延续性以及技术方法的可靠性与扩展性，结合业务卫星的数据特点、获取方式，加强综合产品与指标体系研究，指导业务卫星的应用。建立遥感地质找矿模型、地质演化时空模型、地质灾害预警模型等，深度解决遥感信息在地学中的应用问题。

8. 建立遥感地质技术标准体系

随着国土资源管理对遥感技术业务化应用的迫切需求，遥感技术的自动化、工程化程度亟待提高。而多年来遥感地质技术标准数量偏少，也在一定程度上影响了遥感地质技术应用的广度和深度，不能完全适应国家地质工作对遥感技术的迫切需求。当前，我国地质领域的标准化建设存在若干问题，尚未形成较为系统的、以遥感地质技术及其应用为核心的标准体系，与遥感地质技术的最新发展水平不相适应，不能覆盖遥感地质调查技术应用的主要领域，导致遥感地质技术推广和实施较难进行。针对这些问题以及地质工作对遥感技术的需求，急需建立遥感地质技术标准体系，制定遥感地质应用相关技术规定、规范和标准，促进遥感地质调查技术与应用工作的进一步开展。

首先，统一我国已有的应用卫星存在标准、软件、平台接口，解集成难的问题。为了实现遥感数据的共享及信息化批量处理，保障不同部门、不同应用领域中数据的连续性和一致性，必须对遥感数据产品进行规范化和标准化，包括数据格式、数码转换、质量控制、数据分类等。其次，随着遥感地质数据库、干涉雷达遥感监测、干涉雷达与热红外遥感、高光谱数据处理、数字遥感等新技术方法的日趋成熟，不同技术领域应该成为标准化发展的方向。最后，遥感应用标准的研制始终是一项制约我国遥感技术发展的薄弱环节，需要加强基础地质调查、油气调查、地质灾害调查、城市地质调查等应用领域遥感技术标准的研制。

9. 从顶层设计角度推动遥感应用的综合化、产业化、业务化

面对遥感技术应用领域的不断扩展，我国遥感应用与产业化从发展规模、技术水平、运作方式等方面来看存在许多问题，与世界发达国家还存在较大差距。遥感调查与监测研究部门分散，技术集成度较差，缺乏遥感应用基础能力建设的统筹，没有形成从数据接收到信息集成的业务化流程与应用系统，调查结果相对分散，制约了国土资源调查与监测的规模化应用，难以集成宏观有重大影响的成果，也难以解决遥感技术应用领域不断扩展与遥感技术工程化能力不足的矛盾；遥感技术的自动化、工程化程度亟待提高，没有形成以遥感地质勘查技术为核心的标准体系，严重影响调查与监测水平及效率的提升，也无法保障国土资源遥感调查与监测制度化、监管日益程序化以及调

查法制化的实现。

从顶层设计角度，建立有效的空间数据的公益型应用模式，整合国产空间数据资源，建立合理灵活的数据与知识共享机制。完善数据接收、数据处理，建设遥感基础库、野外调查系统，建设专题产品库、服务系统和系统集成这七大业务流程，实现遥感业务流程信息化。建设矿产资源开发调查监测系统，开发一个遥感服务与管理平台；建立起一个星-空-地协同发展的集遥感数据获取、数据处理信息提取和成果服务为一体的国土资源遥感业务体系。

第二节　物探技术的发展路径

一、物探技术的目标与发展框架、重点领域

针对国家对矿产资源、油气勘查、工程勘查及地质灾害评价等的战略需求和物探学科发展的形势，开展物探方法技术与仪器创新研究，使我国的物探理论与技术达到国际先进或领先水平。通过多学科联合攻关与示范，集成、发展一批急需的区域地球物理调查与评价关键技术体系，引领、推动地球物理立体地质填图、油气及天然气水合物勘查以及深部地质结构探测项目的实施，促进地质找矿与环境建设重大突破的实现。

（一）总目标

加强自主创新，逐步实现国内航空、地面物探仪器特别是高精尖仪器设备（航空重力梯度仪、航空张量测量系统、海洋重力和海洋磁测仪器、多功能大功率电法仪器等）的国产化，实现软件处理技术的自主化，使我国物探技术达到国际先进水平。同时，提升物探高新技术在矿产资源勘查、油气勘查、工程勘查及地质灾害评价等领域的应用水平。其主要分为以下三个阶段。

1. 第一阶段（2015—2016年）

继续攻克航空磁力、电磁、重力等核心技术和装备研制关键技术，基本实现物探技术系统国产化。

2. 第二阶段（2017—2020年）

自主研发符合国土资源业务领域需求的航空重力仪、无人机航空磁力仪、大功率电法仪、海洋深部探测仪等硬件设备，以及重、磁、电、震数据处理与解译软件，开展广泛的应用示范研究，使我国物探技术到2020年总体达到国际先进水平，满足国家资源和环境勘查对物探技术的需求。

3. 第三阶段（2021—2030年）

全面建立物探技术的应用模式与业务流程，实现勘查地球物理技术在国土资源业务领域规模化、成熟化应用，到2030年，我国物探技术及应用水平要达到国际领先。

（二）发展框架

根据对勘查地球物理技术发展趋势、需求等方面的分析，目前至2030年，我国发展勘查地球物理技术的主要方向有以下三个：①开展硬件设备的研制，包括重力仪、电磁仪器、伽马能谱仪等；②开展软件系统的自主创新，包括海量数据处理软件、多参数联合反演、三维地质建模、数据异常识别及提取等的研发；③加大高新技术在国土资源调查、监测领域的推广应用力度，针对具体业务形成高新技术的成熟性应用体系。

（三）重点领域

1. 重力勘查技术

加强我国重力仪的自主研发，提高重力仪尤其是重力梯度仪的研发水平，缩小与国际研发水平的差距。

①加强重力数据处理与资料解译软件的开发，尽早研发出一套完善的实用化的重力数据处理与解译软件。

②我国航空重力测量的主要任务是，测定难以实施地面重力测量的地区、陆海交界地区和海洋区域的重力测量，快速填补我国重力测量的空白区。

③为了发展我国的航空重力测量事业，必须引进、消化、吸收国外先进的仪器或技术，同时加大先进仪器的自主开发力度，研发具有我国自主知识产权的重力测量系统，从根本上解决我国重力仪器受制于人的困局。

2. 磁法勘查技术

①自主研究和开发地球物理卫星，深入开展卫星重、磁测量技术研究。

②研制无人机化磁法勘查系统。

③发展我国的全张量梯度测量技术，打破国外的技术垄断。

④研发综合资料解译软件，发展简便快速的自动反演方法，提高综合卫星、航空（海洋）与地面重磁资料研究地球结构与构造的能力。

⑤开拓应用新领域，充分发挥磁法在环境污染调查中的作用。西方国家特别是美国近年来采用以磁法为主的物探方法，调查密集和分散的废弃物容

器、废弃油井的套管头、去向不明的放射性矿石加工设备以及战争遗留下来的炸弹等。

3. 电法勘查技术

①加快我国电磁法仪器研究的步伐，提高电磁法仪器的探测精度与效果，缩小与国际电磁法仪器研发水平的差距。

②设计完善的电磁法处理与资料解译系统，并且增加专门针对时间域航空电磁法数据预处理技术的研究。

③对于航空电磁探测系统，可以设计为特定目标服务、适合小型或轻型飞机的专用航空电磁系统，如矿产勘查、浅海测深、海冰厚度探测、环境监测、土地管理、水资源评价等。

4. 地震勘查技术

①加强我国地震仪器自主研发的力度，提高地震勘探仪器的研发水平，缩小与国际研发水平的差距。

②加强地震反演方法的研究，加强地震数据处理与资料解译软件的开发，研制开发完善的实用化的地震数据处理与解译软件。

③进一步完善多参数采集的层析成像方法与技术。

④进一步开展深部地震探测工作，加大地震台站的建设，扩大地震台站对全国的覆盖。

⑤加大对我国领海海域的海洋深部地震勘查。

二、物探关键技术

根据物探技术国内外发展现状，以及我国物探技术发展过程中存在的问题，确定我国物探勘查技术发展的关键技术在技术研发、仪器设备研制、数据解译与软件攻关、综合技术研究与应用四个方面。

（一）技术研发

1. 重力测量技术

借鉴国外高精度重力仪、重力梯度仪研发的先进经验，通过技术引进或技术合作，提升我国的高精度重力仪研发水平。通过与俄罗斯 GT 公司合作，研究开展对现有 GT-1A 航空重力仪的升级改造工作，升级成性能更优异的 GT-2A 航空重力仪，集成实用的 GT-2A 航空重力测量系统；通过飞行测试检验 GT-2A 航空重力仪的性能指标，利用新系统进行示范研究 GT-2A 航空重力测量方法和数据处理方法，形成 GT-2A 航空重力测量技术要求。

2. 引进国外先进技术

引进并研究在澳大利亚和欧美国家广泛应用的亚声频磁测技术、直接测磁场的地-井瞬变电磁系统、多参数测量（MT、IP）大数据量覆盖（24 道）的高精度遥测阵列电磁探测系统。

3. 无人机航空磁力测量技术

目前，轻型化、小型化、智能化无人机航空磁力测量系统是国际研究的热点。由于无人机航空磁力测量系统具有灵活机动、高效快速、精细准确、作业成本低等特点，可广泛应用于地形地质复杂和地面作业困难地区的矿产勘查，对国家资源保障具有极其重要的意义。

此外，具有更高精度的航空全张量磁力测量系统，在军事上有着极其重要的应用，因此，国外这种先进技术对中国一直进行技术封锁。为此，大力发展我国的无人机航空磁力测量系统，尤其是航空全张量磁力测量系统，不仅对我国西部地区包括青藏高原等自然环境恶劣地区的矿产勘查具有现实意义，同时对我国国防建设也具有极其重要的意义。

4. 无人值守航空物探检测技术

研究在无人值守情况下航空物探仪器工作状态自动检测技术、故障自动报警技术和"一键恢复"正常工作状态技术，并在飞行驾驶舱控制面板上增加显示设备，直观显示仪器工作状态，以便飞行员随时了解和掌握航空物探仪器的工作状态。

5. 航空地球物理勘查辅助测量技术

重点发展基于国产北斗卫星定位系统的导航定位技术、智能化高速扫描航空物探数据收录技术、数据实时传输技术和安全防控技术，研制出智能化收录系统、航空物探飞行实时监控系统。

6. 直升机时间域航空电磁系统

主要开展低噪声稳流发射技术研究、二次场高灵敏度接收技术研究、直升机时间域航空电磁数据处理解译实用化软件研制和直升机时间域航空电磁系统集成与应用示范研究，在适当时机开展时间域航空电磁测量技术规范的研究与编制。

7. 航磁三分量（矢量）勘查系统与航磁全张量技术

主要开展航磁三分量（矢量）测量和航磁全张量测量关键技术研究，航磁三分量测量仪研制和高精度姿态测量方法研究，航磁三分量（矢量）测量系统集成和性能飞行测试，航空超导全张量磁梯度测量系统样机研制，以及航磁三分量（矢量）与航磁全张量梯度测量数据处理解译软件系统研发。

（二）仪器装备研制

1. 飞行平台技术研究

重点发展适合于航空地球物理勘查的无人机、直升机、飞艇、滑翔机等飞行平台的研制、改装、集成技术，为开展航空地球物理勘查提供性能优良的、形式多样的飞行器，以满足不同地形条件和不同勘查目的的需求。

2. 大功率、多功能电法仪器装备

目前，我国大量使用的电法仪器是加拿大凤凰公司生产的 V5、V8 多功能电法仪，美国 Zonge 公司生产的 GDP-16、GDP-32，德国 Metromix 公司生产的 MTS-05、MTS-08 系列仪器，而国产电法仪器在探测精度、探测深度、多功能集成等方面性能较低。为此，我国应在未来一段时间内，加紧研制和发展具有自主知识产权的大功率、多功能电法仪器，为我国深部金属矿勘查以及地下水、能源等资源勘查提供有力支撑。

3. 智能重载涵道无人机探测搭载平台

主要开展大直径涵道推进器设计、多涵道联合控制技术研究、可调式搭载机构研制和重载涵道无人机时间域航空电磁系统集成与应用示范研究。

4. 航空物探仪器校准基地与试验场建设

其包括航空物探仪器野外试验基地、航空磁力标准试验场、航空电磁法标准试验场和航空重力标准试验场。在已选定的航空物探试验场进行空-地多方法航空物探测量和立体地质填图等技术方法研究，研发试验场航空地球物理综合解译模型，建立试验场高精度磁、重、电、遥及综合解译成果等立体探测数据库，形成航空物探仪器和方法技术试验、检定和效果验证的标准场。

5. 基于我国核心技术的高精度重力仪设备

我国航空重力探测系统尤其是重力梯度探测系统的核心部件主要依赖进口，国外技术处于垄断地位，个别发达国家甚至对中国进行技术封锁。因此，当前最紧迫和最有效的方法就是集中资金和力量自主研发，主要研究高精度捷联式航空重力传感器技术、高精度稳定平台航空重力技术、微弱重力异常信号的提取技术，并研制出航空重力测量仪样机和开展航空重力测量勘查系统集成与示范生产。

6. 具有自主知识产权的长周期大地电磁仪装备

长周期大地电磁仪，我国尚未自己研制，而美国的长周期大地电磁仪不对中国出口，目前只有乌克兰生产的LEMI-417大地电磁仪对我国出售。然而，长周期大地电磁仪对我国的深部探测工程"地壳探测工程"的实施极为重要。因此，大力发展和研制长周期大地电磁仪装备，对我国具有非常重要的理论意义和实用价值。

（三）数据解译与软件攻关

研发海量数据处理软件、多参数联合反演软件、三维地质建模及立体定量预测软件、航空物探异常识别及提取软件。

1. 航空地球物理解译处理技术

重点发展航空地球物理数据和海量数据处理技术、定量解译技术、三维反演技术、立体填图技术等，研发出功能强大的软件平台。开展航磁多参量方法技术实用化应用研究，航空物探高精度姿态测量平台集成与校正方法研究，重、磁、电联合解译方法研究，复杂地形航空伽马能谱测量数据校正方法研究，以及对复杂地形起伏飞行条件下的航空物探数据以钻孔或其他地质地球物理资料作为约束条件，进行三维约束反演，获得地形面以下的三维物性分布边界面，建立不同成矿地质条件的地球物理解译模型，开展航空物探动态试验场立体填图等工作。

2. 油气资源航空重磁解译方法技术

开展塔里木盆地及周缘地区、准噶尔盆地及周缘地区、四川盆地及周缘地区等油气资源重要勘探区块的航空重力资料和航磁资料综合研究，确定含油气二级构造带及与油气有关的局部构造，预测含油气远景区（带）。开展我国南方碳酸盐岩地区油气资源战略选区重磁技术评价。

3. 航磁全轴梯度地质找矿解译方法技术

针对"863计划"研制出的航磁全轴梯度测量系统，开展梯度数据处理和解译方法技术研究，航磁多参量方法技术实用化应用研究。通过研究测量面起伏条件下大数据量航磁及梯度多参量数据处理和反演方法的实用化等关键技术，努力提升航空物探数据处理能力和反演解译方法技术水平，研发和集成一套实用的航磁及梯度多参量处理解译软件系统，并开展系统的示范性应用。开展航空物探高精度姿态测量平台集成与校正方法研究；同时为了提高航空物探数据处理解译精度，需要开展差分GPS数据解算技术研究、新型GPS导航器研制、不同区域地理坐标系的转换方法研究等。

4. 重、磁、电、震数据处理与解释软件

重力、磁法、电法、地震数据处理与解释软件的开发，国外发达国家占据垄断地位，尤其是在油气资源开发领域。目前，我国深部探测专项已研发了以三维地质目标模型为中心的综合研究一体化集成分析平台，将多类勘探方法、海量数据、多种处理和解释技术融为一体，建立高效率的工作流程，实现深部数据融合与共享管理。所以应进一步大力发展和推广我国自主研发的多类勘探方法数据处理与解释软件，提升我国深部勘查能力。针对整装勘查区研制集成重、磁、电、放不同方法组合的高分辨率直升机综合勘查系统，研究完善高分辨率航空物探资料解释技术，开展高分辨率航空物探数据干扰信息消除、弱缓异常提取、剩余异常提取、2.5维/三维精细反演解释技术研究。在此基础上，研究整装勘查区三维立体预测技术，圈定重点成矿区段深部及外围勘查方向，并综合提出一套适合高分辨率航空物探深部矿产勘查解释方法技术。

（四）综合技术研究与应用

针对我国的需求，重点发展地球物理用于固体矿产勘查应用技术、油气勘查应用技术、地质环境调查评价技术等，研发出地球物理应用于固体矿产勘查、油气勘查、环境监测等领域的技术体系，并通过制定相应的技术标准，显著提高航空地球物理的应用能力与效果。

1. 深部金属矿抗干扰地震方法技术

选取金属矿区，继续深入开展抗干扰深部金属矿地震方法技术研究，形成一套比较适合于深部金属矿勘查中的抗干扰地震方法技术，以有效探测试验区内中、深部精细结构，确定主要控矿构造的空间形态，圈定深部隐伏岩体，为我国矿区和外围及新区深部找矿提供技术支撑。

2. 冻土地带天然气水合物地球物理探测技术

研究永久冻土地理景观条件下高分辨率地震数据采集技术，高分辨率、高信噪比、高保真（"三高"）地震波处理技术，复杂地震波场分离、精细速度分析技术。研究冻土地区天然气水合物地震属性特征等，建立冻土地带天然气水合物地震学识别标志。研究冻土地区天然气水合物电磁波测井响应特征、随钻测井装置。

3. 海洋天然气水合物资源综合勘探技术系统

重点开展高精度体地球物理勘探、地球化学勘探、测井解释技术研究，

初步形成针对天然气水合物目标靶区进行高精度勘探的技术体系，并通过对天然气水合物勘探平台支撑技术的研发，搭建工程化应用平台，实现研发技术的工程化应用。

4. 海相碳酸盐岩油气综合地球物理勘探技术

其包括开发针对浅水区气枪震源子波特征模拟技术，研究基于复杂构造、高速屏蔽层条件下的拖缆地震和海底地震资料采集技术，基于复杂构造低信噪比地震资料的精确成像处理技术，海底地震仪（OBS）的折射与广角反射信息成像技术，海洋可控源大地电磁数据采集与处理技术，三维重力、磁力、地震联合反演技术。

通过开展海底地震仪探测及成像技术开发与应用，大地电磁等非震技术方法应用，提高海洋综合地球物理探测技术的应用效果，为完成我国海域海相碳酸盐岩油气普查目标任务提供技术保障。

5. 重点地区干热岩地球物理勘查及潜力评价技术

筛选已知干热岩地区，进行可控源音频大地电磁法和大地电磁法方法试验。可控源音频大地电磁法研究地表以下 1500 m 的地质结构和干热岩的顶界面；大地电磁法研究地下 500～4000 m 的地质结构和干热岩的顶界面。通过试验，研究出适用于不同深度的地球物理勘查方法技术。

在研究干热岩的物性参数的基础上，结合地质资料，综合地质解译多种物探成果，推断断裂位置、产状和热储构造，指导靶区干热岩钻孔布设。

6. 火山岩覆盖区综合地球物理探测技术

开展火山岩分布区找矿地球物理方法关键技术应用研究。试验研究探测火山岩厚度、盆地结构及基底填图的地球物理方法技术，研究火山岩盆地及其基底含矿信息的获取与矿床定位技术，提出火山岩覆盖区深部找矿方法技术组合及技术方案。

7. 隐伏矿综合地球物理探测技术集成

通过已知矿区试验，研究 2～3 种主要类型隐伏矿典型矿区有效的地球物理方法技术组合及有效技术指标，结合新区示范验证，集成重要类型隐伏矿空间定位及资源量预测的综合地球物理探测技术体系。

第三节 化探技术的发展路径

一、化探技术的目标与发展框架

（一）总目标

创新化探技术的理论基础和方法技术，形成具有中国特色的地球化学勘查基础理论和方法技术体系，提高对重要成矿区（带）和整装勘查区的矿产勘查地球化学方法技术水平，推广应用一批地球化学勘查新理论和新方法，全面提升地质找矿、地球化学填图、矿产勘查一体化、环境监控与环境调控中地球化学科技应用水平。其主要分为三个阶段。

第一阶段（2015—2016年）：围绕地质工作的重大科技问题开展地球化学勘查科技攻关，提高我国化探技术的基础理论水平，提升全国层面、区域层面、重要成矿区（带）和整装勘查区的地球化学勘查方法技术水平，初步形成具有中国特色的化探基础理论和方法技术体系。

第二阶段（2017—2020年）：根据业务特点，加强化探的基础理论研究，系统开展地球化学勘查方法技术创新研究，创新和推广一批勘查地球化学基础理论和方法技术，全面推升地质找矿地球化学科技的应用水平，建立并完善我国化探基础理论和方法技术体系。

第三阶段（2021—2030年）：逐步建立化探技术的应用模式，实现化探技术在地质业务领域规模化、成熟化的应用，使化探技术及应用水平达到国际领先。

（二）发展框架

根据对化探技术发展趋势、需求的分析，目前至2030年，我国化探技术的主要发展方向在以下三个方面。

①根据我国紧缺和优势矿产资源特征及地球化学勘查方法技术特点，加强化探基础理论研究。

②系统开展化探技术方法创新研究，对于成熟的技术制定相应的标准，创新和推广一批化探方法技术。

③全面提升高新技术在地质矿产调查、环境监测领域的推广应用程度，针对具体业务，形成化探高新技术的成熟性应用体系。

二、化探关键技术

提高我国勘查地球化学技术水平的关键性技术主要在于基础理论研究和化探技术方法研究两个方面。

（一）基础理论研究

①加强表生作用、内生作用地球化学应用基础理论研究。针对化探领域面临的理论难题，开展不同地球化学景观中地表疏松盖层元素迁移规律研究和实验室模拟研究，探索和建立元素表生迁移模型，为土壤活动态、地电化学、地气等新方法新技术研究提供基础理论支持。

②建立重要成矿类型典型矿床（田）地球化学勘查模型。以紧缺矿种主要成矿类型典型矿床（田）为研究对象，研究热液作用成矿与成矿作用有关元素在三维空间迁移、演化的规律，建立三维空间元素分带模型，为矿床资源潜力定量评价和预测技术研究提供理论支撑。

③开展地壳地球化学特征研究。开展全国尺度的地壳中76种元素地球化学分布特征研究，建立我国大陆表层地壳地球化学基准网。依托万米科学超深钻探工程，研究我国不同深度地壳的物质组成。发展多层次地壳物质成分探测与实验研究技术，初步建立我国大陆地壳三维地球化学模型。开展数字地壳与数据研究平台建设，构建数字地壳系统地球化学数据库，实现海量地壳探测地球化学数据的开放性共享；构建应用于资源、环境、灾害领域的超级地球模拟器平台，实现地壳探测地球化学数据集成、解译、多尺度地球化学动力学数值模拟与三维可视化。编制与更新我国大陆三维地球化学基础图件，实现新一代国家基础地球化学产品的三维可视化表达与共享服务，为政府的国土资源社会化管理和社会公众提供服务。

④建设全国及全球地球化学标准网。在全国和全球尺度上，致力于国家和全球地球化学基准建立，建立覆盖全国及全球的地球化学基准网，为了解过去地球化学演化和预测未来全球化学变化制定定量评价标准。

目前全国范围内共采集18454个地球化学基准值样品，完成1.2万多个样品的81个指标（含78种元素）分析，获得了约96万条数据（据董树文2013年深部探测专项报告）。2013—2030年要重点发展千米深度物质组成和时空分布的精确探测技术，按照全球地球化学基准网，建立中国地壳76种元素基准值；建立全球地球化学基准，并完善一个覆盖全球的地球化学基准网，以1∶20万图幅为基准网格单元，继续在全国系统采集有代表性的岩石组合样品以及疏松沉积物样品，精确分析涵盖元素周期表上除惰性气体以外几乎所有元素的含量，编制化学元素时空分布基准地球化学图件，提供衡量我国大陆化学元素演化和未来变化的标尺。以不同时代岩石代表性样品建立原生岩石圈地球化学基准。

加快疏松沉积物地球化学基准值的建立。按照全球地球化学基准网，每个网格大小为 160 km × 160 km，在每个网格内部署 4 个采样点，每个采样点采集疏松沉积物（土壤、河漫滩沉积物、泛滥平原沉积物、三角洲沉积物）的表层和深层样品。

⑤研制具有我国特色的地球化学标准物质。全国地球化学基准值的建立，迫切需要不同类型岩石、疏松沉积物的地球化学标准物质来严格监控分析质量。以往研制的岩石、土壤和水系沉积物地球化学标准物质在介质类型的选择上和定值的元素种类上，还不能完全满足建立全国地球化学基准值在监控元素分析质量方面的要求，因此需要补充 9 个岩石地球化学标准物质、14 个水系沉积物地球化学标准物质（GSD-1～GSD-14）未定值元素的定值。

⑥重建我国热液矿床原生晕分带序列。研究热液矿床中元素分布分配规律，筛选构成热液矿床原生分带序列的指标；以矿体空间分布状态为核心，探讨矿床周围元素浓度及组分分带规律；总结不同成因、不同矿种的矿床原生晕分带规律，构建我国热液矿床原生晕分带序列；探讨利用原生晕分带序列预测评价深部矿化的地球化学勘查方法；开展方法技术示范应用研究。

⑦研究稀土元素（REE）在地球化学异常评价中的作用。在地质背景复杂区，开展岩石、土壤和水系沉积物中稀土元素组成特征研究，确定不同采样介质中稀土元素的继承性；研究已知矿致异常和非矿致异常与源区基岩中稀土元素组成的区别，确定矿致异常稀土元素的评价指标；开展稀土元素评价地球化学异常含矿性示范研究，为矿产勘查提供新的地球化学方法技术支撑。

⑧加大力度研制与构建具有我国特色的数字化"化学地球"，进一步加强对我国大陆化学元素时空演化的综合研究，编制反映不同时代地层、侵入岩的基准地球化学图件，研究元素在不同大地构造单元的时空分布和演化历史，以及重大地质事件所表现的化学成分变化特点。研究化学元素在表生介质和原生介质的分布特点以及它们之间的继承转化关系和对资源评价的意义。对"地壳全元素探测技术与试验示范"项目的 5 个课题进行集成和综合研究，揭示我国不同大地构造单元元素的时空分布与演化历史，以及大型矿集区成矿的物质背景元素次生分布与原生分布的关系。将这些信息以数字化和图形化形式展示出来，构建数字化"化学地球"。

⑨研制具有我国自主知识产权的"谷歌地球化学"平台与地图技术。选

择穿越不同大地构造单元和重要成矿区（带）的地球化学走廊带进行综合试验与示范，精确探测走廊带内元素含量和变化，构建地壳地球化学模型，揭示大型矿集区形成的物质背景和地球化学标志。为了实现地壳全元素探测技术与实验示范项目进行成果化表达，要重点研发海量、多尺度地球化学数据空间快速检索与图形化显示技术，开发相应的地球化学软件，为开展全元素探测成果表达提供技术支撑。建设一个统一的地球化学信息化平台，类似于谷歌地球的数字地球软件平台，实现多尺度、海量地球化学数据与图形管理；提供数据库和图形化工具，对整个数据库进行多种方式的查询统计，如对不同尺度地球化学图的显示，图形与数据交互查询，采样信息查询等，便于各类用户获得自己需要的信息；将地壳全元素探测其他课题获得的数据输入该数据库中，提供给用户使用。

利用互联网实现对海量地球化学数据和图形管理，需要解决以下技术问题：地球化学数据的管理（输入、输出、保存、组织、共享、查询等）技术，地球化学科学数据库二维和三维的高级空间可视化、空间属性组合查询、空间和属性统计、空间和属性分析、专业分析等技术。

庞大的地球化学数据成图技术和化学地球软件平台建设，其主要目标是利用关系型数据库的数据管理功能和 GIS 技术的空间可视化功能、空间分析功能，合理、高效地管理各类地球化学数据，将地球化学研究和工作中所涉及的海量地球化学数据统一存储于一个关系型数据库中，研发通过 Web 浏览器进行数据查询并根据用户需求进行不同图件的可视化技术。

庞大的不同尺度的地球化学数据和图形快速检索与显示技术需要一套检索软件，开发基于 GIS 的海量地球化学数据和图形显示与查询系统，为管理不同层次地球化学数据和图库服务，能对地球上化学成分信息（图像、海量数据、空间坐标等）在全球不同尺度的分布进行快速检索和图形化显示。

（二）化探技术方法研究

1. 植物地球化学测量技术研究

在浅层覆盖区找矿中，加强植物地球化学测量方法与其他找矿方法比较评价，确定出最有效的适用条件；加强植物地球化学测量关键方法技术研究，逐步形成植物地球化学测量方法技术规范；加强矿产勘查中植物地球化学异常解译评价和异常形成机理研究，提高找矿预测的准确度；加强遥感生物地球化学技术的应用研究，发挥植物地球化学测量在区域找矿中的作用；融合相关学科最新研究成果，深化和扩大植物地球化学测量的研究领域。

2. 隐伏矿地球化学勘查方法技术研究

以岩浆热液作用地球化学分带理论为指导，开展重要成矿类型典型矿床岩石、土壤、水系沉积物测量，以及深穿透、磁性组分、综合气体测量方法技术研究。测试不同形式元素分量，研究紧缺资源主要类型矿床中元素分布形式、组合特征、矿床剥蚀程度与资源量的关系，建立紧缺矿种主要类型隐伏矿床地球化学勘查方法和资源潜力预测方法。

3. 特殊矿种地球化学勘查方法技术研究

选择稀有矿床（锂、铷、铯、铍、铌、钽、锆）、稀散矿床（镓、锗、硒、镉、铟、碲、铼、铊）、稀土矿床、铂钯矿床、钴矿床和铬铁矿床，开展地球化学勘查方法技术研究。以元素表生地球化学基础理论为指导，针对表生环境下稀有、稀土和稀散元素在不同介质中的存在形式及迁移途径，研究不同介质中稀有、稀土和稀散元素的地球化学背景与元素空间分布的耦合关系，建立稀有、稀土和稀散元素矿致异常识别的地球化学指标，研究从区域到矿区稀有、稀土和稀散元素地球化学异常筛选评价方法技术，开展示范测量。完善铂钯矿床地球化学勘查方法技术，以西藏和新疆主要铬铁矿床为研究对象，研究确定岩石、土壤、水系沉积物中铬铁矿床地球化学特征指示元素或元素对比值，研究制定铬铁矿床地球化学勘查方法技术规范，填补"三稀"矿床、钴矿床和铬铁矿床的地球化学勘查技术研究空白，初步确定这些矿床的地球化学勘查方法。

4. 海洋油气地球化学勘查方法技术研究

以已知的南黄海、渤海湾、东海和南海含油气盆地为试验研究区，研制适合我国海洋及其沉积物和海水特点的地球化学采样装置，以及样品封装保真装置；建立专业的海洋油气地球化学勘查实验室，研究制定适合海洋沉积物和海水特点的快速有效地球化学指标分析测试方法技术；进行地球化学指标有效性和适用性研究，建立海洋油气地球化学勘查指标体系；分析海底沉积物、海水油气地球化学异常特征及其与海上油气田的成因联系，建立海洋油气地球化学异常综合评价方法技术。

5. 近海区域地球化学调查方法技术研究

系统开展我国近海不同海域地球化学调查的方法技术研究，开展样品分析与质量监控系统研究，建立近海不同海域1：25万区域地球化学调查的方法技术体系，制定近海地球化学调查规范，为全面开展我国近海海域的地球化学调查提供技术支撑。

6. 开展页岩气资源调查和化探方法技术研究

开展我国主要页岩气田地球化学异常形成机理、典型异常模式等地球化学勘查基础理论研究，建立不同类型页岩气地球化学异常模式和页岩气资源调查及选区评价地球化学技术体系，确定不同页岩气资源评价的地球化学方法技术，为页岩气资源调查和勘查提供地球化学勘查理论与方法技术支撑。

7. 开展重点地区干热岩地球化学勘查方法研究

收集全国主要沉积盆地、近代火山和高热流花岗岩地区的基础地质、地热地质等资料以及国外相关研究成果，以我国重要干热岩分布区为研究对象，开展干热岩资源地球化学评价方法技术研究，研究确定干热岩地球化学勘查的有效方法技术，建立不同类型干热岩地球化学勘查模型。

8. 陆上天然气水合物地球化学勘查方法技术研究

以我国现有的青海木里已知天然气水合物矿床为研究对象，系统研究木里天然气水合物矿区岩石、土壤、壤中气等天然介质的地球化学特征，确定天然气水合物地球化学指示指标，揭示天然气水合物地球化学异常分布规律。以此确定我国陆上天然气水合物特征地球化学指示指标。

9. 发展"第二找矿空间"的立体地球化学探测体系

发展探测盆地矿产资源的穿透性地球化学勘查系列技术，使探测深度达到 500～1000 m（"第二找矿空间"）。将地表采样与钻探取样相结合，建立盆地立体地球化学分散模式和探测技术体系，为盆地及周边覆盖区地球化学调查与评价提供有效方法。进一步将物理分离技术与化学提取技术相结合，开展盆地深穿透地球化学区域调查技术研究，并针对不同矿种设计深部矿化信息的分离提取技术，研制符合矿区详查要求的地球化学勘查技术。将地球化学探测技术与快速钻探地球化学取样技术相结合，建立盆地不同矿种的地球化学立体分散模式。进一步将地表地球化学探测技术、异常源识别技术与异常查证技术、区域地质研究相结合，发展适用于盆地及周边的立体地球化学探测体系。

10. 隐伏矿产资源地球化学探测与定量评价技术研究

以我国紧缺矿种已知主要热液型多金属及金属隐伏矿床为研究对象，开展地表土壤金属活动态测量、磁性组分测量、地电化学测量等提取深部找矿信息的地球化学勘查方法技术研究和示范工作。以矿床原生分带理论为指导，开展区域化探数据中隐伏矿信息提取方法技术研究，探索区域化探异常定量评价和隐伏矿预测方法技术研究。

11. 海域重要成矿区天然气水合物地球化学探测评价技术研究

以东海钓鱼岛、南沙北康或中建南等几个敏感海区为研究对象，开展海域天然气水合物和冷泉资源地球化学探测评价研究，重点进行天然气水合物原态微生物地球化学探测评价技术研究。

第四节 钻探技术的发展路径

一、钻探技术的目标与发展框架

面向国家对矿产资源、油气勘查、工程勘查及地质灾害评价等的战略需求和钻探技术发展需求，开展钻探方法技术与仪器创新研究，使我国的钻探技术达到国际先进或领先水平，促进地质找矿、能源探测与环境建设重大突破的实现。

围绕地质勘查工作发展需要，针对钻探关键技术问题，全面开展现代化的深孔地质岩心钻探、反循环取样钻探、深水井钻探、定向钻探、浅层取样钻探等领域的施工设备、器具及钻进工艺技术的系统研究，完成 5000 m 以内地质钻探装备及工艺技术体系建立，形成我国钻探装备的专业化与多样化发展格局，建立现代化的钻探装备设计研发和生产体系。以高科技为核心带动工艺及装备的发展，实现钻探装备的智能化，使得先进、高效钻探技术的应用水平大幅度提高，全面提升我国的装备与施工技术水平，总体技术水平达到国际先进，增强钻探技术为地质、矿产勘查的服务能力。

第一阶段（2015—2016 年）：完成 3500 m 以内地质钻探装备及工艺技术体系建立，形成我国钻探装备的专业化与多样化发展格局，在深孔钻进技术、复杂地层钻探技术、空气钻进技术、定向钻探技术、浅层取样技术等方面取得重大进展；初步实现钻探装备的机械化和自动化，大幅度提高我国钻探装备与施工技术水平，实现产品国有市场占有率的提高。

第二阶段（2017—2020 年）：完成 5000 m 以内地质钻探装备及工艺技术体系建立，完善我国专业化与多样化钻探装备系列，实现钻探装备的机械化和自动化，基本完成钻探技术研究基础平台、计算机技术和信息系统建设，建立完整的行业规范及标准体系；装备及施工技术与国际先进水平同步，成为钻探装备制造与出口大国。

第三阶段（2021—2030 年）：建立现代化的钻探装备设计研发和生产体系，以高科技为核心带动工艺及装备的发展，实现钻探装备的智能化，总体技术水平达到国际先进。

二、钻探关键技术

制约我国钻探技术发展的关键性技术较为分散，其发展路径需要分阶段、多目标予以实施，现分述如下。

（一）第一阶段：2015—2016 年

①完成 3500 m 全液压地质岩心钻机的研制，钻深能力 400 m 自动化全液压岩心钻机的研究实现突破，开展 600 m 全液压坑道钻机与水平绳索取心钻具的研究与应用，开展 300 m 以浅新型轻便取心取样钻机的研究。针对国内需求，加强对传统机械钻机的改进与提高。

②开展 3500 m 深孔绳索取心钻探用新型钻探管材、铝合金钻杆、各类孔底动力钻具（液动锤、螺杆钻、涡轮钻、水力脉冲发生器等）、长寿命钻具和钻头的研发，通过生产试验使其具备实用能力。建立相关研究测试平台，完善配套装备、施工工艺及标准，完成超深孔钻探技术方案预研究，为深部地质找矿提供技术支撑。

③开展特殊地质样品的采集技术研究。结合不同的资源（天然气水合物、油页岩及干热岩等）及地质环境（松散、破碎、水下等）需求，采用多种技术手段研究复杂地层的取心工具，开展特殊地质样品的采集技术研究。结合公益性勘查工作，开展工程示范，提高复杂地层取心质量。开展各种复杂地层钻进用泥浆处理剂研制、"广谱"型堵漏技术研究、膨胀套管理论及应用技术研究、套管钻进技术研究，完成 200～240 ℃耐高温钻井液研究。明显提高复杂地层的钻探施工能力。建立起我国地质岩心钻探事故处理工具实物库和数据库，编制事故处理规范及手册，开展相关专业服务队伍的建设。

④完成 600 m 反循环取样钻探装备及配套钻杆、钻具及施工工艺研究，重点突破小直径反循环中空潜孔锤技术。通过工艺及技术的配套，完成 5000 m 以上反循环取样钻探对比试验，编制反循环钻进技术规程。

⑤完成 1500 m、2500 m 车装全液压水井钻机的研制任务，结合生产实际完成样机的生产试验及性能测试。研制一种用于地质灾害应急抢险的轻便、高效履带式多功能钻进设备，形成一套完善的设备和工艺技术方法。开展多种用途的大口径快速钻进工艺技术的配套研究。

⑥完成适合地质勘探纠斜用的小直径泥浆脉冲式随钻测量的研制以及定向取心器具及工艺的研究；开展电磁波双向传输随钻测斜仪的研制；开展初级导向钻进试验，初步形成地质勘探小直径滑动导向钻进技术。在固体矿产水溶开采领域和煤层气开采领域，推广"慧磁"定向钻进中靶系统，在推广

的过程中进一步完善产品系列。

⑦开展直升机吊装搬迁钻探设备和机具方法技术的国内外调研。

⑧开展钻探技术专业研究平台及相关的仪器研究建设，完成钻探装备检测平台建设、孔底动力钻具测试平台建设，完成钻探施工设计与决策软件系统的开发、总体方案的设计和软件系统的开发及组织应用。搭建行业网络平台，基本实现基础信息和文献资源共享。

（二）第二阶段：2017—2020 年

①完成 5000 m 全液压地质岩心钻机的研制，开展提高效率、防尘、降噪、降耗等技术的研究与应用，形成一套成熟的自动化岩心钻探装备技术体系。通过大量示范工程，推广先进的钻探装备，使先进的钻探装备市场占有率超过 20%。

②完成轻合金钻杆，5000 m 大深度、高强度绳索取心钻杆研究，推广完善井底动力钻具，优化深孔绳索取心钻探器具、辅助工具，完善工艺参数。

③完成国内钻头与地层对应体系建立，使我国深部地质找矿绳索取心钻探技术钻深能力超越 4000 m。完成超深孔钻探工艺技术关键问题的研究，提高我国深部地质找矿钻探技术水平。

④完成浅层取样钻探技术在地质调查领域的普及应用，建立相关标准和规范。

⑤对多种复杂地层取心钻具及工艺进行完善和综合规范化，简化类型，提高对各类复杂地层和样品采集的适应性。结合重点工程进行示范和改进，加强推广和普及，初步建立特种资源钻探技术示范基地，充分支撑地质勘查的技术需求。

⑥开展破碎地层孔壁强化技术研究、膨胀地层用强抑制性冲洗液技术研究、堵漏技术成果集成研究以及膨胀套管及尾管技术、套管钻进技术的推广完善，开展 250 ℃耐高温钻井液研究、耐温 –20 ℃以下的钻井液探索性研究。规范岩心钻探各种孔内事故处理方法，建立孔内事故处理技术服务体系。

⑦实现 RC 钻机及配套工艺技术的完善改进，进行系列化研发，完成配套规程的制定。完成 10000 m 以上进尺工程示范推广应用，为技术工艺产业化应用奠定基础。

⑧开展全液压水井钻机生产试验，完善、拓展钻机性能，提高钻机自动化和智能化程度，争取在技术上达到国外全液压钻机的水平。结合工程实践，对地质灾害应急抢险需要的轻便、高效履带式多功能钻进设备进行改进与完

善，同时开展系列化装备研究。提高大口径反循环及多介质冲击钻进工艺的普及程度，实现总体工艺技术水平与国际同步。

⑨推广完善定向取心设备及工艺方法。完成对小直径旋转导向执行机构研究，实现小直径钻进随钻测斜。在多领域推广"慧磁"定向钻进中靶系统，完成中靶系统的套管模式、双水平井对接模式、煤矿通风井对接模式等的研究。定向钻进勘探及采矿技术得到广泛推广应用。

⑩研发直升机吊装搬迁钻探设备的技术和装备，并做野外试验。开展钻探技术专业研究平台及相关的仪器研究建设，完成各类专业测试平台（高压釜、无磁平台）的搭建。完善钻探施工设计及决策软件功能，软件功能达到实用性，能够满足现场技术上的要求，施工设计系统普及率达到20%，钻探施工决策专家系统完成开发，开始应用。建成科研成果和技术经验信息系统，对科技成果进行合理评价和实时推广。

（三）第三阶段：2021—2030年

①完成5000 m以内全液压岩心钻机生产的系列化、产业化和自动化，在地质岩心钻探领域大量推广应用，总体技术能力达到国际先进水平。结合工程实践及不懈的研究，进一步优化深孔钻进工艺参数，完善钻具结构，使我国深孔绳索取心钻探技术钻深能力接近5000 m；结合超深孔钻探的实施，完成万米超深孔施工，钻探施工整体达到国际先进水平，部分工艺技术达到国际领先水平。

②针对各类地质需求，实现配套取心技术的快速开发、配套应用能力，在各类钻探工程中实现在陆地、水域等多种环境下各类深部地质样品的采集能力，完成天然气水合物钻采等技术的示范研究基地建设，整体能力达到国际先进水平。开展强破碎地层综合孔壁稳定技术研究、强分散地层孔壁稳定技术研究、冲洗液流变性控制与恶性漏失地层综合堵漏技术研究、300 ℃耐高温钻井液研究。建立覆盖全国的钻探事故应急响应机制和处理机制，建立专家技术咨询服务网络，大幅度提高钻探施工的效益。

③实现系列化多种装载形式RC钻机的成功研制，并加速推广应用。

④根据市场需求及全液压钻机技术发展情况，进行特殊工艺技术配套的工具及装备创新研究，提高钻进效率，引领全液压钻机的技术发展。形成一系列的地质灾害应急抢险快速成孔设备及相应的钻进工艺技术方法，满足各类地质灾害应急抢险工作的需要。

⑤形成成熟的定向取心工艺，实现系列化定向取心设备和器具的生产能

力,最终实现地质钻探自动导向钻进。定向钻探技术走向成熟,钻探靶区深度可达 3000 m 以上,小口径孔(小于 120 mm)可实现 600 m 以上水平位置,并编制相应的技术标准,推动该技术的规模应用。

⑥研发直升机吊装搬迁钻探设备和机具技术与装备,在特殊困难地区实现应用。

第五节 地质信息技术的发展路径

一、地质信息技术的目标

信息技术将继续向高性能、低成本、普适计算和智能化等方向发展,寻找新的计算与处理方式和物理实现是未来信息技术领域面临的重大挑战。随着云计算、大数据及移动 GIS 技术等一系列新兴技术的发展,由遥感、地理及数据库等传统地质信息技术构成的地质信息技术体系将不断融入新兴的高新技术,从而促进地质调查、矿产勘查及地质灾害预警等行业的发展,进而形成新的地质信息技术体系,新的地质信息技术体系又指导和规范地质相关行业的发展与应用,从而形成良性发展机制。

(一)总体目标

结合国际技术发展趋势以及我国的技术现状与需求,展望 2030 年,我国地质信息技术发展的总体目标是:突破国土资源信息化应用方法和技术,融合大数据等高新技术,结合传统地质信息技术,组成新的地质信息技术体系,实现地质信息共享服务。地质信息技术基本满足地质工作的需求,从而提高国土资源管理和服务水平。通过发展地质信息高新技术,构建地质信息技术标准体系,打造地质信息共享服务平台。

(二)阶段目标

第一阶段(2015—2016 年):对地质信息技术的应用趋势进行分析。其包括智慧地球、智慧勘探、"一张图"对云计算、大数据等高新技术在地质信息行业中的应用,进行可行性分析,对大数据、云计算等高新技术的概念、原理、应用有一个深层次的认识,深化地质信息技术发展与应用的顶层设计研究。

第二阶段(2017—2020 年):对以三维 GIS、大数据等为代表的高新技术进行深入研究,融合新兴高新技术和地质信息传统技术,使我国的地质信息技术体系及其标准规范与国际接轨。通过关键技术的深度集成,为全国四级"横向整合，纵向贯通"的国土资源信息化总体格局提供技术保障。

第三阶段（2021—2030年）：整体推进，全面提升地质信息共享，完善服务体系。深入研究与突破与地质信息相关的关键技术，实现高新技术在行业中的全面应用。通过对核心技术的研究，打造基于大数据的地质信息服务平台等一系列具有现代高技术含量的服务与信息共享平台，从而全面提升地质信息技术对地质各行业的指导和促进作用，大幅度提高我国地质信息化水平。

二、地质信息关键技术

我国地质信息技术的发展水平相对落后，现代高新技术与传统地质信息技术的融合需要突破的关键性技术尚处于探索之中。关键技术分以下三个阶段进行阐述。

（一）第一阶段：2016年之前

对三维空间信息处理与数据建模技术进行重点研究，将野外数字填图资料与地球物理、地球化学和遥感等多源地学数据建模并进行综合的分析、解译和表达，将三维空间信息技术融入区域地质工作流程中，实现地质调查等地质行业地质编录、数据编辑、成图处理、地质建模及成果展示一体化处理与多元立体化表达，大力发展研究移动GIS的标准与规范。面向资源调查的移动GIS应用涉及各种海量异构数据的存储和兼容性管理、行业数据的一致性、业务服务的规范性等内容，更要面对移动端的业务操作流程规范和后台服务端的应用规范，行业间的差异也面临更多的规范工作。突破大数据存储、管理技术，从而整合我国油气资源地理空间信息，实现跨平台、跨部门分布的多源、多专业、多时相、多类型海量异构（大数据）地理空间信息数据的一体化组织和管理。整合现有的油气资源地理空间信息，建成油气资源调查的地理空间信息目录体系和交换体系、油气资源调查地理空间信息共享服务平台和综合信息库。

借助云计算虚拟化技术，云GIS可以在同一物理集群（或机群）同时创建MP和Map Reduce两种类型的地理计算虚拟集群，但这两种集群各自独立，需分别创建和管理；在虚拟集群进行伸缩时，为了减少网络输入/输出，虚拟集群的组织和管理需要考虑地理数据分布与网络拓扑结构，使虚拟计算节点尽可能靠近存储节点，以减少网络开销；另外，地理计算虚拟集群同地理数据具有紧密的耦合关系，具有明确的应用逻辑，需要通过专门的描述信息来刻画虚拟集群的应用逻辑，并需要将这些应用逻辑维护到地理计算虚拟集群目录中。

公有云与私有云是目前云计算部署的两种主要模式，为了保证数据的安全性与为公众服务的有效性，应对保密级别较高的数据，采用私有云模式，将与地质信息相关的国家政府、事业单位的硬件设备进行共享，数据资源池放在单位内部，仅供内部人员使用。

以分布式文件系统和分布式内存对象系统为基础，研发高可靠、高吞吐和可伸缩的分块、多副本栅格数据存储技术，研究云环境下结构化栅格数据的分块方法，实现大文件的分布式存储；研究海量栅格数据的多副本存储策略，提供数据的冗余备份；开发栅格数据的均衡分布存储方法，消除分布式文件中单一文件高访问量的文件读写瓶颈；基于分布式内存对象存储的栅格数据全局信息（如属性表、颜色表等）存储技术，实现栅格数据全局信息的多副本高效一致性维护和网络快速数据交换。

（二）第二阶段：2017—2020年

1. 完善地质信息技术体系及其标准规范

从国家地质调查信息化建设总体需求来看，我国地质信息化工作尚处在初步建设阶段，实现信息共享关键技术标准依然落后，标准化建设体系不健全，标准之间缺乏协调。应大力加强数据编码标准、数据访问协议、数据分发标准的实施以及支持这些标准规范实施的软件工具的研究和发布及其在重点数据库空间集成中的试验或系统模拟。

2. 攻克互联网与物联网的融合技术

通过互联网与物联网融合技术实现信息通信，传输到后台服务器端，从而实现地质信息的智慧监控、智慧管理及智慧指挥等。提高我国的地质信息化水平，有利于提高地质信息资料管理水平，实现成果资料的一体化集成与统一管理，提升地质资料的可继承性与可利用性；有利于提高地质勘查质量和勘探精度，提供项目设计施工的最优方案；有利于提高地质找矿能力，提升矿权评估效率，为国际化矿业开发提供强大技术支撑。

3. 重点解决地质三维可视化技术、局部动态更新技术

（1）地质三维可视化技术

空间信息的三维可视化已经成为行业服务的一个共有趋势。在资源调查领域，三维的空间信息表达和可视化是为行业应用分析与服务的基础，因此，二、三维的可视化技术已成为移动GIS在行业信息化服务中的一大瓶颈。致

力于解决移动 GIS 软件开发效率提高的问题,解决面向地质信息的移动 GIS 快速构建环境开发技术。

由于移动终端的多样性和硬件架构的不同,常规的开发方法往往只能解决一个平台或某个体系的操作系统,应用的开发语言和环境的巨大差异已经严重影响了移动 GIS 在行业中的快速应用,常规软件的开发方法已经无法解决快速出现的各类移动 GIS 应用需求,软件在不同设备和环境下的重复开发使得移动 GIS 应用软件在稳定性和通用性上受到极大影响。因此,针对移动 GIS 的软件开发,能够适用于多种操作系统和硬件架构的快速软件开发方法将是解决这一问题的重要手段。

(2)地质三维局部动态更新技术

基于钻孔、钻孔剖面、等值线、断层、地质图等数据源资料,实现更新数据所在的平面区域位置和深度地层范围的自动与辅助判断。实现更新数据源和已有三维地质结构模型的布尔运算,获得局部重构的三维地质曲面,并利用多约束三维地质曲面建模技术,实现地质面三角网的局部重构。基于空间模型布尔运算或曲面相交算法,实现三维地质局部重构模型地质体曲面相交的检查、相交三维地质体模型编辑与修改处理。基于三角网重构技术对存在不一致的地质体边界进行一致性重构。实现地质体模型封闭性检查,保证模型的封闭性与拓扑一致性。

4. 云计算技术

解决一系列云计算发展的瓶颈,为我国早日进入云时代做贡献,具体包括以下两个方面。

(1)地理空间信息计算自动并行化技术

栅格数据并行计算建立在地理计算虚拟集群和可伸缩栅格数据存储基础上,相对于传统静态集群和存储形式,地理计算虚拟集群的可伸缩性和栅格数据存储的分布与多副本性,既给栅格数据高效并行化提供了有利的资源条件,也带来了更高的复杂性。栅格数据计算自动并行化技术综合运用栅格数据分布和栅格计算资源分布的协同优化与多层次并行化等技术手段,并以软件框架的形式屏蔽并行化的复杂性,为栅格数据计算提供简洁的扩展接口。同时,由于栅格数据计算的分类相似性,栅格数据计算可以归并为几种计算模式,同一种计算模式下的自动并行化算法具有高度的相似性,可以通过软件框架的形式进行复用,从而简化了栅格数据自动并行化开发的难度。

(2)多虚拟集群地理计算任务流协同调度技术

云 GIS 应用定义的地理计算可转化为多个虚拟集群之间协同执行的地理

计算任务流。由于 GIS 计算的多样性，多个虚拟集群的计算模式可存在差异，可以是 Map Reduce 模式和 MP 模式虚拟集群的协同调度。由于虚拟集群的可伸缩性，地理计算任务调度时不但要考虑地理计算执行的代价，还需要考虑当需要集群进行动态伸缩，特别是进行计算资源扩展时的集群伸缩代价，同时在进行协同调度时还需要考虑数据驱动逻辑和空间数据访问代价。

在解决遇到的技术难题的同时，也要探索和部署地质信息云计算模式，从原来的私有云模式逐步向公有云模式发展，最终形成两者兼有。对于无须保密的数据，采用共有云的模式，充分利用社会硬件资源，减轻政府、企事业单位的硬件投资，从而在最大化利用社会资源的同时满足数据的保密性。

（三）第二阶段：2021—2030 年

整体推进，实现地质信息共享服务。深入研究与突破与地质信息相关的关键技术，如三维 GIS、云计算、大数据等关键技术，通过对核心技术的研究打造基于大数据的地质信息服务平台，实现高新技术在行业中的全面应用，从而全面提升地质信息技术对地质各行业的指导和促进作用，也大幅提升我国的地质信息化水平，突破基于互联网与物联网的地质信息综合应用服务技术，积极开展信息时实获取、智能分析、云计算、智慧地球、物联网海量信息存储、数据交换等关键技术在地质勘查中的研究和应用，深化信息化顶层设计研究，并通过关键技术的深度集成，为全国四级"横向整合，纵向贯通"的国土资源信息化总体格局提供技术保障。解决基于地质二、三维一体化空间分析应用技术。通过将传统的二维 GIS 技术与最新研究突破的三维 GIS 技术相结合，实现地质信息的应用服务。

对移动 GIS 有重大技术突破，主要表现在面向地质信息的跨平台的高性能可视化引擎技术及应用服务技术，从而满足行业需求。随着移动互联网的发展和智能移动终端的发展，众多行业的信息化程度也得到了相应的促进和提高，但基于移动互联网的地理信息服务和位置服务在移动终端的普及，在行业的信息化过程中发展非常缓慢。在国土资源管理的移动信息服务中，土地调查等常规业务开展中的移动端对海量数据的需求是所有工作开展的基础；在资源调查中，实时的定位服务和二、三维可视化技术与时空数据的管理与分析服务是资源勘查业务分析与应用的重要基础。广泛推广大数据在各行业的应用，实现基于大数据的地质信息智能挖掘与主动推送服务技术，提高我国地质信息的服务水平。应用包括以下三个方面。①基于大数据的油气资源信息社会化服务建设，建设云环境下的油气资源调查地理空间基础信息库及数据集成处理系统，构建油气资源调查地理空间数据和服务云，提供公有云服务。②基于大数据的油气资源调查远程监管平台，确保油气资源调查基金投入取得有效成果并实现滚动发展，及时地掌握油气资源调查的发展动向，为油气资源调查监督管理提供即时化、标准化和自动化的信息平台。③基于数据的信息共享平台建设等解决基于云环境的地质信息智能服务技术。将三维 GIS、移动 GIS、大数据和智慧地球等技术在云环境下实现智能传输与信息交流，从而大大提高我国地质信息化水平，解放地质信息设备。在云部署模式上，形成私有云、公有云、混合云等多种部署方式，从而灵活地利用社会资源，保障数据安全。

参考文献

[1] 徐建凤. 建筑工程地质勘查技术分析研究[J]. 绿色环保建材，2019（3）：207-208.

[2] 任朱和. 试析水文地质勘查对岩土工程的重要性[J]. 绿色环保建材，2019（2）：215.

[3] 季超，刘敦华，易飞. 固体矿产地质勘查的工作要点分析[J]. 世界有色金属，2018（22）：127.

[4] 刘军，常青，张利坡. 固体矿产勘查中的地质结构与水文地质特征分析[J]. 世界有色金属，2018（22）：134-135.

[5] 马奔，刘观发，周凌政. 矿山水文地质勘查的问题及主要防治解决措施[J]. 世界有色金属，2018（22）：139.

[6] 邵维江，王乐. 地质探矿中组合勘探手段的应用研究[J]. 世界有色金属，2018（22）：180-181.

[7] 杨利勇，何俊. 水工环地质勘查技术与应用研究[J]. 世界有色金属，2018（22）：227.

[8] 席瑶伟. 新形势下浅析当前地质矿产勘查及找矿技术[J]. 世界有色金属，2018（22）：48.

[9] 杨如春. 地质找矿与资源勘查的应用方法研究[J]. 世界有色金属，2018（22）：43-44.

[10] 张鑫，苏豪亮，周腾. 试论地质找矿勘查技术的创新[J]. 世界有色金属，2018（22）：70-71.

[11] 易飞，刘军，常青，等. 基于GIS技术的固体矿产资源勘查研究[J]. 世界有色金属，2018（22）：91.

[12] 董福松，毕有柱. 矿山地质资源勘查与找矿工作中应注意问题研究[J]. 世界有色金属，2018（22）：98-99.

[13] 刘立维. 铅锌矿资源特征及地质勘查技术分析[J]. 世界有色金属，2018（22）：111-112.

[14] 高珏. 智能遥感技术在矿山地质勘查中的应用 [J]. 世界有色金属，2018（22）：115.

[15] 黄坚生. 岩土工程中水文地质勘查技术的应用 [J]. 珠江水运，2019（3）：34-35.

[16] 孙传林. 工程物探在地质勘查中的应用分析 [J]. 资源信息与工程，2019，34（1）：1-2.

[17] 刘琦. 复杂地形地质条件岩土勘查技术分析 [J]. 世界有色金属，2018（23）：248-249.

[18] 李生乾. 物探技术在滑坡地质灾害勘查中的应用 [J]. 世界有色金属，2018（23）：256.

[19] 张霖鑫. 新形势下水工环地质勘查技术及具体应用 [J]. 世界有色金属，2018（23）：221-222.

[20] 吴正方. 地质资源勘查中地质工程的作用及其发展浅谈 [J]. 世界有色金属，2018（23）：247.

[21] 李保凯. 物探技术在地质勘查中的应用 [J]. 世界有色金属，2018（23）：251-252.